AF599908

# RECUPERAR EL PATRIMONIO CONSTRUIDO

INNOVACIÓN EN LA OBRA CIVIL

JOSÉ A. MARTÍN-CARO
JOSÉ LUIS MARTÍNEZ
ILLÁN PANIAGUA
DAVID LÓPEZ

Edita:
CINTER DIVULGACIÓN TÉCNICA.
www.cinter.es
cinter@cinter.es

Edición fotográfica:
Paco Gómez

Diseño y maquetación:
M/Gráfico

Primera edición: Diciembre de 2025



DEPÓSITO LEGAL: M-26410-2025
ISBN: 978-84-125610-8-1
Impreso en España por Gráficas MURIEL

## Un libro necesario, de doble lectura

Por Miguel Aguiló

La primera reflexión que sugiere este libro es que se trata de un libro necesario. Y es necesario por dos motivos, primero por el tema de que se ocupa y segundo porque es precisamente un libro y no una serie de datos más o menos relacionados. En medio de esta generalizada obsesión por los datos, los libros resultan imprescindibles para ordenar las ideas y, a partir de ahí, articular proyectos, procesos, procedimientos, protocolos y normativas, en torno a los temas, en definitiva, para alimentar las teorías.

Para el progreso de cualquier disciplina es importante que la teoría y la práctica discurran en paralelo. Ni la primera puede elaborarse en el vacío, ni la segunda puede avanzar sin la elaboración de lo ya hecho. Y mucho más teniendo en cuenta que el tema tratado por el libro es el patrimonio, es decir el legado que nos llega de lo que hicieron quienes nos han precedido en este noble 'arte de construir'.

Se trata, por tanto, de un asunto donde los diferentes contextos de eso que nos llega del pasado tienen una enorme trascendencia. En cada caso, el contexto que cuenta puede ser muy distinto: desde el profesional hasta el económico, pasando por el académico, geográfico, histórico, ambiental, conceptual, corporativo, estético o energético.

En este sentido, este libro de José Antonio y colaboradores incorpora contextos muy variados, pero lo importante no es considerarlos todos, sino elegir el que se ha tomado como punto de partida para la intervención. La riqueza histórica gaditana, por ejemplo, obliga a atender su papel en el territorio, como única manera de entender lo que tienen en común los fuertes, los puentes, las murallas o los molinos mareales. En los cargaderos de mineral manda lo tipológico y lo estructural. En Erbil son lo geotécnico y los sismos, mientras los puentes ferroviarios exigen una actitud frente al desgaste del tiempo, más volcada a las decisiones. Se trata de aportar criterios de decisión sobre la conveniencia de rehabilitar, reparar, reforzar o ampliar.

Desde el otro lado, los recursos que utilizamos para ocuparnos de ese patrimonio son tecnológicos, es decir absolutamente globales y susceptibles de un amplio abanico de usos, que se presta a transferencias de conocimientos entre muy diversos campos, lo que siempre es fuente inagotable de innovación.

Por todo ello, cada intervención sobre el patrimonio de lo construido debe partir de un determinado contexto, que es necesario conocer, no solo en su esencia y particularidades, sino en relación con su época y su lugar en el mundo. Cuando eso se observa desde nuestra actual posición, dotada de un formidable arsenal de herramientas y conocimientos tecnológicos, las perspectivas de innovación que nos ofrece el estudio o la intervención patrimonial son infinitas.

Por ello es importante conocer de primera mano el enfoque y las técnicas que han elegido los autores y su equipo para actuar en ciertos contextos poco habituales, como la lejanía, el conflicto bélico, el desastre ambiental, o un enorme número de puentes ferroviarios. De los drones de reconocimiento, a las variables estadísticas significativas y su correlación con los riesgos de rotura, o a la necesidad de 'leer el terreno para gobernar el agua', hay un formidable abanico de herramientas de uso general, poco utilizadas o con frecuencia ignoradas por los profesionales dedicados al patrimonio. Y también hay una filosofía de su empleo en función de los contextos enunciados.

Por ello, este libro contiene dos lecturas. La primera será útil para mostrar lo que ha hecho ese equipo de profesionales reunido en torno a José Antonio, como primer paso para realizar una labor de filtrado, caracterización y crítica de cada actuación particular. La segunda avanza una serie de posturas y decisiones que conforman un posicionamiento teórico, que deberá ser reelaborado y perfeccionado para establecer patrones que conecten la teoría con la práctica. Con ello, la historia de las cosas -actuaciones, obras o proyectos realizados- podrá avanzar en paralelo con la historia de las posiciones teóricas elaboradas para abordarlas.

Solo así podrá mantenerse y progresar la tarea patrimonial.

## Historia y técnica

Por José Antonio Martín-Caro

Todas las obras públicas tienen una gran historia detrás, puertos, puentes, sistemas defensivos, carreteras, aeropuertos o abastecimientos son fruto de una necesidad concreta en un contexto social e histórico determinado. La historia que nos cuentan no es ni sencilla ni única, podríamos decir que nuestras obras han vivido varias vidas donde, como veremos a lo largo del libro, han sido protagonistas en diferentes culturas y religiones. La mayoría de ellas llevan en servicio desde hace décadas por no decir siglos, lo que las ha obligado a adaptarse y transformarse según los diferentes usos y demandas sociales de cada momento. Los primeros puentes del ferrocarril son un claro ejemplo de esta adaptación continua, ya que han tenido que soportar unas condiciones de explotación (cargas y velocidades) cada vez más exigentes con el paso de los años y un aumento sostenido de los requerimientos de la operación ferroviaria, pero no son los únicos, las murallas debieron adaptarse a la sucesiva capacidad de destrucción de las nuevas armas y, posteriormente, a la trama urbana de las ciudades en el siglo XIX, las presas y resto de infraestructura hidráulica, a las nuevas demandas de las poblaciones cada vez populosas del S XX, y así un largo etc. Cada piedra, madera o elemento de hormigón nos habla de las manos que las levantaron y de las sociedades que dependieron de ellas para sobrevivir, crecer y comunicarse.

Desentrañar y descubrir estas historias, es quizás, uno de los mayores atractivos de conservar nuestro patrimonio construido, pero no el único. Para nosotros, ingenieros, otro de los aspectos que nos ocupa y de manera obsesiva, es intentar averiguar y entender los avances tecnológicos y científicos que supusieron cada una de las obras en el momento de su proyecto y construcción. Que retos, en definitiva, tuvieron que superar nuestros mayores teniendo además muy presente que no es hasta mediados del S. XVIII cuando se genera un conocimiento científico técnico consensuado con la creación de las escuelas politécnicas, siendo la mayoría de nuestros bienes anteriores a este periodo. La creatividad y valentía de muchas de nuestras obras descansaban en el ingenio de nuestros antecesores y en un conocimiento "natural" que debe de ser puesto en valor.

Hemos querido recoger una serie de proyectos que hemos dirigido y que nos han marcado en nuestro devenir profesional y personal, no son nuestras obras más reconocidas, ni siquiera son, al menos desde nuestro punto de vista, las más acertadas (seguramente hoy en día alguna de ellas la abordaríamos de manera diferente) pero si creemos que sirven para mostrar cómo tanto a nivel nacional como internacional se está tratando y entendiendo el patrimonio de la obra pública, un enfoque donde se presta especial importancia a conocer la realidad tecnológica del bien construido desde multitud de perspectivas: arquitectura, estructura, materiales, dinámica del litoral, clima, geotecnia, comportamiento sísmico, etc...

Abordar el patrimonio de obra pública desde el conocimiento técnico no es solo recomendable sino fundamental si se quieren preservar sus valores tecnológicos y constructivos, que son, en la mayor parte de las ocasiones, los que les otorgan valor patrimonial al bien. Conocer, entender, comprender y aprender parece ser el único camino si se quiere tener ciertas garantías de éxito, adoptar una metodología basada en la curiosidad y en la pluridisciplinaridad permite abordar las muchas materias necesarias en estos proyectos y resolver con acierto las decisiones complicadas que no son pocas.

Por último, y, para terminar, espero que este libro despierte un interés merecido por nuestras obras públicas, sus historias, usos y avatares, los autores así lo hemos pretendido, porque conservarlas no es solo proteger un conjunto de infraestructuras, sino mantener viva la historia de nuestra capacidad para imaginar, crear y construir el futuro.

## Agradecimientos

Esta publicación habla de obras sobre obras. Esos trabajos, con sus aciertos y defectos, se llevaron a cabo con la participación de muchas personas y organizaciones. Es justo agradecerles aquí su contribución.

En primer lugar, a nuestros colaboradores y compañeros de INES Ingenieros a lo largo de los veintitantos años de andadura de la empresa, por su trabajo y aprendizaje compartido. A ellos y a los numerosos técnicos de otras ramas con quienes hemos compartido dudas y certezas (las menos). A nuestros compañeros de la Fundación Miguel Aguiló, de la UIC, a nuestros directores de tesis, y a otros muchos que nos han ayudado y completado.

Todos los proyectos son buenos (en realidad, no todos), pero necesitamos a las constructoras para traerlos a la realidad. Gracias también a ellas —Acciona, Freyssenet, FCC, Betazul, Audeca, Albaida, Insersa, Azul, Heliopol, Imesapi, Fonsan, Kee-Chanona, Sonrise Construction,— y a otras que, desde la discreción y la profesionalidad, han compartido con nosotros no pocas obras complejas y valiosas, aportando su conocimiento y compromiso en cada intervención.

Gracias también a nuestros clientes, que han depositado su confianza en este grupo de técnicos para responder a sus necesidades y las de sus infraestructuras. Entre ellos, a las administraciones públicas, nacionales, autonómicas y locales, que han sabido mirar más allá de la urgencia inmediata, apoyando proyectos de conservación y restauración incluso en momentos difíciles. Queremos, por tanto, acordarnos de los administradores y gestores con inquietudes, los que se han esforzado por entender y cuidar el patrimonio más allá de lo estrictamente técnico o administrativo. A quienes, tras una dana, un desprendimiento o una urgencia, buscaron no solo reparar, sino comprender y mejorar.

Por último, a Valentín Alejándrez y a su equipo, y a Paco Gómez, por hacer que el libro llegara a buen puerto.

# RECUPERAR EL PATRIMONIO CONSTRUIDO

## ÍNDICE

# ESTRUCTURAS Y MATERIALES

LOS COMIENZOS

## LOS COMIENZOS

*Página anterior:*
Catedral de León.

Apeo provisional de la arquería del Patio de los Bojes del Museo de Bellas Artes de Sevilla, un espacio organizado en torno a un patio renacentista del siglo XVI. La intervención se llevó a cabo en 2011 ante el avanzado deterioro de algunos de los cimacios, tallados en una calcarenita muy poco cementada, cuya pérdida de cohesión hacía inviable cualquier tratamiento de refuerzo o consolidación que garantizara su estabilidad estructural. Se optó por el montaje de un sistema de apeo metálico móvil, diseñado para asumir temporalmente las cargas de la arcada y permitir reemplazar los cimacios identificados como "insalvables".

## Ingenieros en un mundo de estructuras diferentes

Recuerdo que Javier León, director de tesis de dos de los miembros del equipo, nos contaba que el mismo día de su oposición para profesor titular de Hormigón se conoció la noticia del colapso de la torre Cívica de Pavía. Era el día 17 de marzo de 1989 y nosotros todavía no habíamos entrado en la Escuela de Ingenieros. Una construcción de 74 m de altura y de casi 900 años de antigüedad se venía abajo súbitamente con resultados trágicos.

A lo largo de la carrera de Javier en la Escuela de Ingenieros de Caminos solo un profesor les había hablado sobre las estructuras antiguas de fábrica, nada menos que Carlos Fernández Casado, quien, entre otros muchos logros profesionales, había intervenido en el acueducto romano de Segovia. Los ingenieros civiles habían proyectado puentes de bóvedas de fábrica, pilas de sillería, cimentaciones, estribos, etc. hasta bien entrado el siglo XX, pero en tres o cuatro generaciones esa disciplina y conocimiento se habían caído de los planes de estudio y de la práctica profesional y se habían convertido en tema desconocido con aroma misterioso.

**Unos pocos años después terminamos la carrera provistos de una total ignorancia sobre el comportamiento, modo de construcción y métodos de análisis de los materiales, tipos y formas estructurales que los constructores habían empleado desde antes de los romanos y hasta las grandes bóvedas de los puentes de fábrica y hormigón en masa del siglo XX. No pretendemos decir que supiéramos mucho sobre los materiales modernos –léase el hormigón y el acero–, pero teníamos al menos las bases teóricas, las normativas, las realizaciones y la práctica profesional para avanzar en ellos.**

~

¿Por qué razones una construcción que ha soportado las acciones y el paso del tiempo durante 900 años falla de manera frágil sin presentar síntomas de aviso? La torre Cívica de Pavía, el campanario de la plaza de San Marcos en Venecia en 1902 son ejemplos espinosos. Nos preguntábamos qué cosas deberíamos saber (o, al menos, qué preguntas nos deberíamos plantear) para analizar y garantizar la seguridad de torres como las de ascendencia musulmana en Aragón y otras localizadas en distintos sitios en España. En Madrid, la torre de la iglesia de San Pedro el Viejo data de 1450 y, aunque solo tiene 30 m, está inclinada, como puede apreciarse a simple vista. El campanario que la remata es posterior (siglo XVII). ¿Cuál es el nivel de seguridad de esta torre? El alminar de la mezquita de Sevilla, construido en torno a 1200, también fue rematado con un nuevo campanario cristiano tres siglos después. En ese caso hubo debate sobre la seguridad. Contra el proyecto elegido, el del arquitecto cordobés Hernán Ruiz, el cabildo catedralicio recibió un informe desfavorable elaborado por tres arquitectos ilustres. Las objeciones no eran estéticas sino de seguridad (según la nomenclatura actual) ya que el proyecto de Ruiz aumentaba la altura de 250 pies de la torre en otros 100 más sin ningún refuerzo en el cuerpo almohade preexistente. Así pues, *todos los pareceres fueron opuestos a que se construyesen otros cuerpos sobre el alminar, porque estimaban que peligraría la fortaleza del mismo, excepto Hernán Ruiz, quien aseguró que era tan fuerte el edificio de los moros que soportaría con firmeza y seguridad el peso de los cuerpos que se le pensaba añadir, rematados por la gigantesca estatua de la Fe*. Sin dejar de admirar la confianza en sí mismo del arquitecto, ansiábamos encontrar métodos y argumentos que resultasen más fácilmente asimilables para quien ha sido educado en los Eurocódigos.

Si hay una estructura que parece fácil de comprender es una torre no muy esbelta y no muy alta, como suelen serlo las torres de piedra o ladrillo, excepto algunas como la torre de la catedral de Ulm, ciudad natal de Einstein, que mide 160 m; o la torre Asinelli de Bolonia, de 97 m, que tiene una esbeltez (relación altura al ancho en la base) próxima a 12. Las torres no son misteriosas, pero sí pueden resultar más complicadas de lo previsto. Su comportamiento frágil proviene de dos factores: a nivel de estructura, son sistemas esencialmente isostáticos en ménsula sin posibilidad de redistribución de esfuerzos. A nivel de sección, por el régimen de compresión uniforme que no manifiesta las grandes deformaciones de flexión y rotulación por formación de mecanismos de otros elementos. Además, dependiendo del nivel de tensiones, ni siquiera exhibe fisuración incluso en situaciones cercanas a la rotura.

Miradas de cerca son elementos muy tridimensionales. Cualquier torre modesta de 20 m de altura necesitará muros del orden del metro de espesor. Con esta dimensión el muro de dos o tres hojas está casi universalmente aplicado. Esto quiere decir que es posible la separación de estos elementos masivos en distintas capas. Las torres de ascendencia musulmana, incluida la Giralada, constan de dos torres: una interior (llamada núcleo o contratorre) y otra exterior solidarizadas de forma no trivial por las escaleras que ascienden helicoidalmente. En ocasiones se encuentran escaleras intramurales y siempre existen huecos ventanas y pasos que dan lugar a esquemas estructurales y estados tensionales verdaderamente complejos.

## Nuestros comienzos, catedrales y puentes

Si hay una estructura que parece complicada esa es una catedral gótica. Un *esqueleto de piedra* en el que no sobra nada y que se antoja inabarcable mientras no se identifiquen los distintos elementos estructurales y sus funciones. Gran parte de nuestro estudio inicial consistió en recapitular las tipologías y reglas de dimensionamiento de los principales elementos estructurales.

La **cimentación** de muros portantes y soportes puede variar entre una simple prolongación del elemento dentro del terreno hasta la formación de diversas capas que generalmente amplían su sección en profundidad. En ciertos terrenos pueden encontrase pilotes de madera de pequeño diámetro bajo un entablado de madera, base de la fábrica de la zapata. La cimentación típica de muros es en zapata corrida, mientras la de soportes y pilares suele tener forma de tronco de pirámide. Las fábricas que forman la cimentación suelen ser muy cuidadas en grandes edificios y épocas de alto nivel técnico, pero de peor calidad y ejecución que los elementos superiores en épocas de declive constructivo.

No son numerosas las reglas escritas para dimensionar cimentaciones ni suelen estar documentadas en planos sus dimensiones. Viollet-le-Duc examinó las cimentaciones de Amiens y Nôtre-Dame de París. Se trata de una banqueta de unos 8 m, con un talud aproximado 1H:2V formada por piezas de sillería de 300 mm a 400 mm

de alto y un relleno de hormigón ciclópeo. Nosotros tuvimos la fortuna de estudiar la sección transversal, pilares y cimientos de la catedral de Palma de Mallorca.

El lugar que ocupan las catedrales es frecuentemente el más alto de la ciudad y puede tener un carácter simbólico a lo largo de la historia. Esa es la razón de que muchas veces estas construcciones se apoyen sobre cimentaciones de edificaciones precedentes. Así ocurre en la catedral de León, levantada sobre una basílica paleocristiana y esta, a su vez, sobre o junto a edificios aún más antiguos. En ocasiones, la construcción posterior (o anterior, ignorada) de criptas y galerías puede socavar o interferir con las cimentaciones. Así sucedía precisamente en León, ejemplo que también pudimos estudiar, y donde Demetrio de los Ríos se vio en la tesitura de macizar las cavidades de las termas romanas que comprometían la cimentación de muros y pilas.

La función principal de los **muros** es la de conducción de las cargas verticales, aunque según las tipologías constructivas, pueden tener encomendada la transmisión de los empujes horizontales de bóvedas, como sucede en los masivos muros románicos.

**Interior de la catedral de Palma, desde los pies mirando a la cabecera, amplio y sin la interrupción de ningún coro, tal como lo dispuso Antoni Gaudí. Los excepcionales pilares octogonales, de 30 m de altura tienen una esbeltez de 1/18. La deformada lateral hacia el exterior en la parte alta y hacia el interior bajo las naves laterales no es un efecto de la fotografía, sino de los empujes de las bóvedas y puede apreciarse en casi todas las catedrales de este tipo.**

Cabecera y fachada sur de la catedral de Mallorca. Desde el exterior, el edificio transmite una imagen casi defensiva: la repetición rítmica de los contrafuertes recuerda a una muralla. Sin embargo, su función es estrictamente estructural. Estos grandes machones recogen y conducen los empujes laterales de las bóvedas —y también los del viento— hasta la cimentación.

Existen casos de solicitación predominante fuera del plano, como en los muros sometidos a contención de material granular, ya sea el terreno o rellenos de los senos de bóvedas. Un tipo de muro con una solicitación preponderante fuera del plano son los hastiales de iglesias o catedrales que reciben el empuje perpendicular de los arcos perpiaños de las naves (los arcos perpendiculares al eje de las naves). Frecuentemente estos muros reciben los empujes en cotas altas, donde la compresión de peso propio es reducida, por lo que suelen estar dotados de estribos o contrafuertes.

En elementos que sobrepasan un cierto espesor, en torno a 500 mm, la sección del muro será casi siempre compuesta, contando con caras exteriores de fábrica de buena calidad material y de labra y aparejo, y un relleno interior de fábrica de menor calidad o, simplemente, cascotes tomados con argamasa.

Las reglas históricas de dimensionamiento dan valores del espesor t del muro en función de la luz del vano que arriostran $L$, en torno a $t=L/10$ en el periodo gótico, $L/6$ para muros que arriostran bóvedas de piedra hasta $L/7$ si las bóvedas son tabicadas en el siglo XVII; en ambos casos se cuenta con contrafuertes con espesor doble que el del muro. En caso de muro sin contrafuertes las proporciones serían de $L/3$ hasta $L/5$, para piedra y tabicas, respectivamente. Averiguar si una construcción está en los parámetros habituales o fuera de ellos es la primera comprobación que nos ayuda a situarnos.

La función resistente principal de los **pilares** es, por supuesto, la de sustentar las cargas verticales, sin embargo, si uno se sitúa a ras de un pilar del crucero de cualquier catedral importante y dirige la mirada hacia arriba, comprobará la acusada deformada lateral de ida y vuelta (arriba hacia el exterior, a la altura de las naves laterales, hacia la nave central). Esto se debe a la excentricidad del axil, a los empujes horizontales de bóvedas, arcos y cúpulas y al comportamiento reológico de las fábricas.

Las secciones pueden presentar la heterogeneidad ya descrita para los muros de dimensiones importantes (exterior labrado e interior más pobre). Pero en otros casos, de cuya importancia parece que fueron conscientes los constructores, la sección de las pilas es maciza, con sillares de perfecta labra y estereotomía y con morteros especialmente cuidados. Esta es la situación que comprobamos mediante endoscopias en las pilas de la catedral de Palma de Mallorca, de 1,60 m y 1,70 m de diámetro de fábrica maciza solo con un hueco central de unos 150 mm de diámetro.

En pilas de catedrales encontramos la aberración estructural que constituye el triforio, una galería que recorre el muro de las naves laterales. Esta galería supone una reducción considerable de la sección a lo largo de un tramo prolongado en altura. La escuadría de los pilares depende de su altura, pero también de las luces (en dos direcciones) de las bóvedas que soporta. La tradición gótica española recogida por Gil de Hontañón recomienda que el diámetro de los pilares sea aproximadamente un cuarto de la raíz de la suma de la altura de las pilas más las dos luces citadas, en metros. Las pilas octogonales de la catedral de Palma, seguramente las más esbeltas del gótico, tienen 30 m de

Esquema constructivo de una sección transversal de catedral gótica. Es obligado recordar que la construcción de una catedral de este tipo podía llevar siglos y, por tanto, que entre una fase y otra transcurrían muchos años donde las geometrías iniciales iban modificándose debido a la fluencia de los morteros y a los posibles asientos diferenciales.

altura, mientras que la luz de la nave principal es de 17,80 m (9,25 m es la luz longitudinal). El diámetro recomendado por la regla de Gil de Hontañón en este caso es de casi 2,00 m.

Las **bóvedas** de mayor luz del gótico son, según creemos, las de la nave central de Girona con 22,90 m. Este espacio debía cubrirse en principio con tres naves, pero se decidió saltar en un vano. La segunda luz es la citada de Mallorca. Estos alardes parecen deliberados, como en el caso de la catedral de Sevilla, otro de los monstruos del gótico, también español y el mayor templo de este periodo. En torno a 1400 su capítulo acuerda "hacerla tan grande que los que la vieren acabada nos tengan por locos".

El funcionamiento de estos elementos depende de cómo estén estribados. El análisis tiene, por tanto, dos puntos de interés: el equilibrio del elemento supuesto convenientemente estribado y la estabilidad de los elementos sustentantes.

En las distintas bóvedas de crucería y en rincón de claustro se tienen tres tipos de arcos: los formeros, los perpiaños o transversales y los diagonales. También pueden existir otros nervios, terceletes, que conectan los anteriores arcos

Vista de las cúpulas de la iglesia de la Mantería en Zaragoza. De derecha a izquierda, cúpula de la epístola, central y la reconstruida cúpula elíptica del evangelio sin las pinturas de Claudio Coello, perdidas junto con la propia estructura en el colapso de 2001

entre sí. La naturaleza resistente o decorativa de los nervios no siempre es fácil de determinar. Para conocerla se debe indagar sobre cómo debió ser el proceso constructivo. Puede admitirse que los nervios serán resistentes si sirvieron como cimbra de la plementería, por ejemplo, siguiendo el proceso descrito en el tratado de Gil de Hontañón en que "primero se construye una plataforma sobre el nivel de los arranques, sobre ella se replantea la traza en planta de los nervios y se colocan las cimbras para los nervios, se construyen los nervios y se construye la plementería entre los nervios". En este caso se tiene un entramado tridimensional de arcos que recibe las cargas de las bóvedas que cubren los espacios intermedios. La carga sobre cada arco se puede entonces determinar mediante un reparto isostático en planta que depende de la disposición geométrica de la plementería. En cualquier caso, existan o no físicamente los nervios diagonales y arcos formeros, a efectos de cálculo puede suponerse que existen como parte del mecanismo resistente embebidos en el espesor de la fábrica.

La geometría de los arranques de los arcos puede ser muy inclinada e incluso vertical, por lo que para lograr obtener líneas de empuje válidas debe contarse con la acción del relleno de los senos. Esta contribución es extraordinariamente importante, hasta tal punto que la bóveda funcional puede calcularse a partir de la cota de rellenos que suele situarse a una altura sobre arranques entre $1/2$ y $2/3$ de la flecha de los perpiaños.

Una de las primeras enseñanzas que obtuvimos en el análisis del colapso de la cúpula de la Mantería en Zaragoza es la importancia de los rellenos en bóvedas y cúpulas.. El nombre, relleno, y los materiales empleados, no precisamente los más nobles, sugieren que se trate de un elemento secundario o prescindible. Sin embargo, como se ha dicho, marcan la geometría verdadera del elemento principal y condicionan la cota de los empujes al exterior. En puentes, además, constituyen un medio de reparto de las cargas concentradas. Entender, por tanto, el significado estructural de estos rellenos es fundamental en toda construcción de fábrica.

A nivel seccional existe una importante diferencia entre los arcos formeros y perpiaños. De nuevo por razones constructivas, el aparejo de los perpiaños solía constar de dos roscas superpuestas sin traba. La superior tenía un pequeño voladizo destinado a apoyar las costillas de la plementería. Se trata por tanto de un arco sobre otro arco o un arco aparejado en varias roscas, con el riesgo consiguiente de fallo por rasante. Los formeros en cambio presentan una única rosca.

En cuanto al trazado hay que distinguir los tres tipos básicos en función del peralte: arcos de medio punto, rebajados y apuntados. Los empujes y nivel de axil, a igualdad de luz y cargas, son mayores al disminuirse la relación flecha/luz. El tipo ojival apuntado muestra una forma diferente de colapso por formación de mecanismo, con elevación de la clave y vuelco de los riñones hacia el intradós, al contrario que los arcos y bóvedas de medio punto y rebajados, con descenso de clave y giro hacia el extradós ante carga simétrica.

Los **arbotantes** son esencialmente semiarcos planos exentos. Se diferencian en lo peculiar de su trazado (típicamente un extradós recto inclinado y un intradós curvo) pero sobre todo en su función de arriostramiento de otros elementos. La luz es la de las naves laterales que salvan, siendo valores típicos 4 m o 5 m, llegándose a 8,50 m (Mallorca) y hasta más de 10 m (París).

La misión resistente es la de soportar empujes externos esencialmente horizontales y, en combinación con su peso, conducirlos a otras partes más bajas de la estructura. El análisis de los arbotantes debe centrase en determinar el intervalo de empujes que es capaz de soportar para las situaciones de mayor o menor empuje externo.

El arbotante tiene carácter de elemento intermedio, entre el elemento arriostrado por él y su propio estribo. El elemento arriostrado, bóveda, muro, etc. impone unos empujes que pueden llamarse activos. En ausencia de tales empujes, es el arbotante el que necesita ser estribado/sujetado por el elemento anterior y por su propio estribo. Esta última situación de equilibrio se caracteriza por un empuje mínimo, estado pasivo del arbotante. El elemento debe ser capaz de funcionar con cualquier nivel de solicitación entre estos límites.

En multitud de secciones transversales góticas, los arbotantes se presentan por parejas. Sus funciones son diferentes: mientras el arbotante bajo recibe los empujes de las bóvedas de la sección transversal, el arbotante alto arriostra los muros altos y soporta las sobrecargas de viento sobre las cubiertas. En otros casos se tiene un único arbotante que desempeña ambas funciones. En la catedral de Palma hay dos arbotantes y las fuerzas del viento tienen magnitudes similares a las de los empujes. Al analizar la estática de la sección transversal encontramos que los empujes solicitantes en el arbotante bajo son de 160 kN ante cargas gravitatorias, llegando a 200 kN con viento a favor y 80 kN con viento en contra. En el arbotante alto, los máximos son de unos 110 kN y mínimos de práctica descarga. En Mallorca no nieva, por lo que no fue necesario ejecutar una gran cubierta a dos aguas sobre la nave central con fuerte pendiente para librarse de la nieve acumulada. Esto derivó en que no hubiera superficie sobre la que el viento empujara y, por lo tanto, los arbotantes superiores se quedaron sin viento, sin fuerza ni función. Un arco descomprimido no es estable. Esta es la explicación que encontramos para el hecho de que el

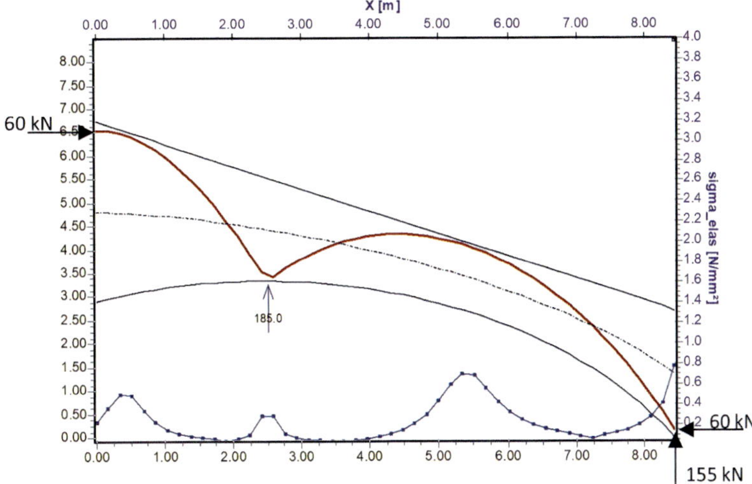


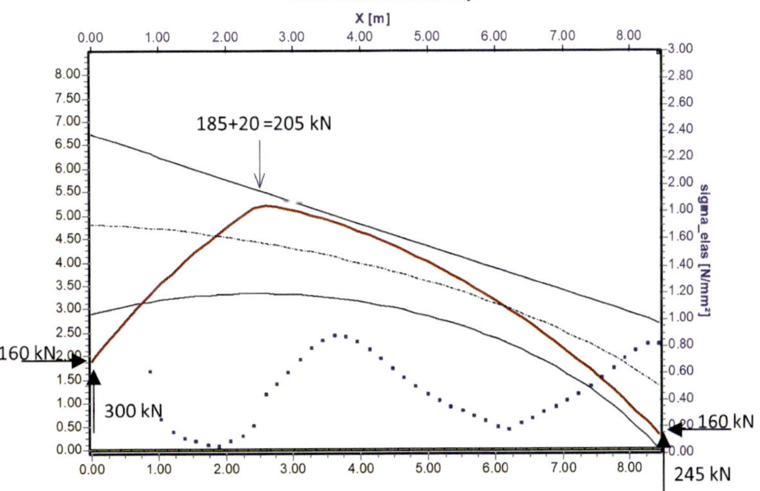


Arbotantes de las naves altas en Mallorca y análisis de equilibro. El arbotante alto no recibe empujes de las bóvedas, solo del viento por lo que está descargado la mayor parte del tiempo. De ahí la presencia del apeo sobre el arbotante inferior y el doble apoyo de este en el muro. Estos elementos son añadidos posteriores.

arbotante alto aparezca en muchas secciones apeado sobre el bajo mediante un pilarillo añadido muy probablemente a posteriori. Por su lado, el arbotante bajo, con su carga vertical extra, exhibe un pequeño contraarco inferior muy conveniente en su encuentro con los muros de la nave, según se aprecia en el análisis de líneas de empuje.

Al estudiar la torre conocida como la Silla de la Reina en la catedral de León, encontramos un punto muy singular de este problema estructural de la conducción de los empujes de las bóvedas altas hasta la cimentación. Se trata del cruce de los arbotantes de la nave principal con los de la nave transversal, el crucero.

Catedral de León. En el lado sur, a la izquierda de la imagen, se reconoce la torre de la Silla de la Reina recibiendo los empujes perpendiculares de la nave principal y de la del crucero. Esta construcción sobre la capilla del Carmen, está relacionada con recurrentes situaciones de inestabilidad. En el lado norte existe una torrecilla hueca similar, la "Limona".

En León, del lado de poniente (los pies), la catedral presenta tres naves, de 30 m de altura la central y 13 m las laterales. En estos tramos, los arbotantes salvan una luz de 5,25 m entre los muros altos de la nave principal y los estribos o botareles. En el quinto tramo desde los pies, los arbotantes de la nave se cruzan con los provenientes del crucero, también de tres naves de idénticas dimensiones. El correspondiente estribo de esquina es especial, y se resuelve adoptando una sección en L para proporcionar rigidez en ambas direcciones.

El problema se presenta en el lado este del crucero (la cabecera). León, como Reims y otras catedrales góticas, dobla las capillas laterales en esta zona dando continuidad a la girola desde el presbiterio hasta el crucero. De esta forma la composición en planta pasa a ser de 5 naves, la central y dos laterales de igual altura en cada flanco. La solución de estribo en L no es aplicable aquí ya que se invadiría el espacio de las capillas. Este problema se presenta en un buen número de templos y existen esencialmente tres soluciones:

- Suprimir los arbotantes del crucero y situar un estribo masivo adosado al mismo, como en París o Toledo. Esta solución exige ocupar una parte del espacio interior de la capilla con el estribo.
- Cruzar los arbotantes sobre una potente pila exenta, como en Amiens. Esta pila debe resistir las acciones horizontales combinadas exclusivamente con la acción centradora de su peso propio.
- Erigir una torre, cuadrada en este caso, que recoja los empujes de un tramo completo de nave y transepto. Los empujes se llevan hasta la cimentación en la cara de la fachada con ayuda del peso propio de la torre. Esta solución fue la utilizada en Saint Denis, el templo prototípico del gótico.

En 1454, los maestros de obras Cándamo y Jusquín de Holanda decidieron adoptar esta última solución en ambos brazos del crucero. En el norte se construyó la Torre Limona; y en la cara sur, la Torre del Tesoro, desde 1550 Silla de la Reina. Esta torre se construye por tanto con la intención de evitar, más de 150 años después de haberse completado esta parte del templo, la tendencia del edificio a moverse hacia el sur, y su historia está ligada a los daños más importantes sufridos por la catedral desde el siglo XIII hasta el presente, que incluyeron el hundimiento de la bóveda central del crucero y de las bóvedas de la capilla que está bajo la torre.

Nuestra misión en torno al año 2000 era la de apoyar al plan director de la catedral desde el punto de vista de la seguridad estructural. La torre presentaba grietas, ventanas ojivales cegadas y una geometría deformada respecto a la original. Para estudiar e instrumentar los movimientos de la torre, en aquellos años previos a la telefonía móvil era necesario viajar cada pocos meses a la catedral para recoger los datos. Y, pese a la incomodidad, aquello también tenía su encanto: el contacto directo y periódico con la catedral.

Los puentes de fábrica han sido el otro objeto analizado en profundidad durante estos primeros años de ejercicio. Su enorme presencia en las redes actuales de transporte (en algunos casos hasta el 40% de los puentes son puentes de fábrica) y su fuerte carácter simbólico hacían de ellos un objeto muy atractivo de estudio. Al igual que en otros casos, estudiamos sus tipo-

logías habituales, sus procesos constructivos, sus reglas de proyecto, para terminar analizando el significado estructural de cada uno de sus elementos (estribos, pilas, tímpanos, bóvedas, rellenos, etc.) y su interacción compleja.

Como muchos están en servicio, inspeccionamos y analizamos sus daños, mostrando interés por los procesos que los desencadenaban más que por sus síntomas. Finalmente desarrollamos métodos de análisis de diferente complejidad. Durante todo este periodo tuvimos la suerte de intercambiar conocimientos con otros investigadores nacionales e internacionales gracias a los congresos y al grupo de trabajo de la UIC Masonry Arch Bridges que nos mantuvo viajando y ocupados durante más de 10 años.

Puente de San Esteban de Gormaz, 2025. La rotura de uno de los tajamares, provocada por el empuje de los rellenos tras saturarse durante un episodio de lluvias intensas, permitió observar directamente los materiales constructivos: las fábricas de las bóvedas, los rellenos granulares y los rellenos rígidos.

En el capítulo 6 hablamos en profundidad de ellos, pero es este quizás el momento de relatar la oportunidad que se nos presentó de ensayar a rotura un puente real para conocer así su modo de colapso y poder evaluar nuestros procedimientos desarrollados de análisis y cálculo. No imaginábamos la fortaleza de estas obras cuando, en lugar de preservarlas, se pretende llevarlas al colapso.

Miles de puentes de piedra, ladrillo u hormigón en masa, construidos hace décadas, si no siglos, siguen hoy en servicio en carreteras y líneas de ferrocarril. Nos parecen seguros, pero determinar su grado real de seguridad no es tarea sencilla. Esto lo había comprendido muy bien Rafael Ozaeta, entonces jefe de puentes de línea convencional en Adif y querido compañero nuestro. Por eso, cuando quedó fuera de servicio un tramo de línea ferroviaria que incluía un precioso puente esviado de varias hojas de ladrillo, impulsó una colaboración entre empresas constructoras, consultores y universidades para llevar a cabo un ensayo a escala real. A nosotros nos correspondió definir el esquema de carga y calcular el tonelaje necesario para llevar la estructura a su fallo global.

Puente ferroviario de la riera de Rubí antes del ensayo a rotura. Se trata de un puente esviado de fábrica de ladrillo en una línea que se retiraba del servicio. La imagen muestra el potente pórtico metálico anclado al terreno para aplicar cargas directamente sobre la bóveda (sin rellenos) en la sección de cuartos de luz. Se alcanzó la carga máxima de 4000 kN pero no se desarrolló el mecanismo de colapso.

Aplicamos la carga sobre los riñones del arco, en una faja paralela a la vía, no a la línea de estribos, siguiendo el esquema que habían aplicado los investigadores británicos unos años antes. Para ello levantamos un pórtico con un robusto dintel metálico apoyado en los rellenos del puente, cuya reacción se tomaba mediante anclajes profundos en el terreno. La carga total se calculó como nuestra mejor estimación de la resistencia última, multiplicada por un factor de seguridad no muy grande. Y es que, para derribar un puente de fábrica, hacen falta medios realmente descomunales.

Nos reunimos en la riera de Rubí, a distancia del puente, como quien se prepara para presenciar una voladura controlada. Concluyó la soldadura de la estructura metálica. Se verificaron los ceros de la instrumentación y de los gatos hidráulicos y entonces dio comienzo el ensayo.

La gráfica carga-deformación mantenía una soberbia línea recta, incluso cuando nuestros cálculos anunciaban que ya debía empezar a incurvarse, camino de la resistencia última. ¿Quizás se iba a producir un fallo frágil? Esperábamos en primer lugar ver separarse las distintas hojas de ladrillo no trabadas. A mi lado, Bill Harvey, el más reconocido estudioso de los puentes de fábrica, me presta sus prismáticos y me señala el contorno inferior de la bóveda en la sección cargada: se había abierto una fisura, con piezas ya rotas, aunque hacía falta un ojo experto para advertirlo.

Llegamos al 90% de la capacidad de los gatos. Los movimientos crecían un poco más rápido que en la fase inicial, pero no lo suficiente para desencadenar el mecanismo de colapso. Al caer la tarde, ya casi sin luz, alcanzamos el límite de la carga mientras el puente, ufano, parecía mirarnos con desprecio. Sentimos una mezcla de sorpresa y frustración. Todos, salvo Bill Harvey, que quizás descontaba un desenlace así e incluso parecía estar del lado del puente. «Ha sido un muy buen ensayo», me dijo. Y parecía sinceramente convencido.

Tras la experiencia, quedaron dos lecciones enfrentadas: los puentes resisten más de lo que el ingeniero alcanza a calcular, pero, sobre todo, nosotros entendemos las estructuras menos de lo que nos gusta creer.

Y, por cierto, ahora vemos claramente que fue un error no divulgar y publicar el planteamiento y los resultados del ensayo. No nos quedó empuje o entusiasmo para ello solo porque el resultado o el desenlace no había sido el esperado, pero aquel fue no solo un buen ensayo sino uno de los pocos a nivel mundial con esa escala.

## La necesidad de un análisis específico

Cuando nos parecía que el análisis de estas construcciones solo podía abordarse recurriendo a antiguas y enigmáticas reglas históricas, o a análisis numéricos tan complejos como inaccesibles fuera del ámbito académico, descubrimos al profesor Jacques Heyman. Este ingeniero, formado en el análisis plástico de estructuras metálicas, aplicó esa visión al estudio de las bóvedas de fábrica. Para él, el comportamiento del material podía resumirse en tres rasgos fundamentales:

- prácticamente nula resistencia a tracción
- compresiones tan bajas que el modo de fallo por aplastamiento resulta irrelevante en la práctica, y
- un rozamiento interno lo bastante elevado como para garantizar la estabilidad de la forma.

Estas características no nos resultaban ajenas: formaban parte del vocabulario del hormigón y del acero. La ausencia de resistencia a tracción, al fin y al cabo, era la base de los mecanismos de bielas y tirantes en el hormigón, transmitidos por generaciones de ingenieros desde Ritter y Mörsch hasta Jörg Schlaich. Y, por otra parte, al descartar el fallo por aplastamiento o por cortante, los únicos colapsos posibles eran los mecanismos cinemáticos, tal como habíamos estudiado en la plasticidad del acero.

Pararse a pensar la cinemática y la compatibilidad de movimientos supuso un verdadero avance para nosotros en este campo. Permite entender el origen y la gravedad de patrones de grietas, desde una fisuración debida al asiento de una cimentación a la "grieta del muro" entre los arcos formeros y el muro que confina una bóveda de crucería.

Si las tensiones no importan, debemos estudiar mecanismos y energías. Nunca lo habíamos visto desde esa óptica, pero la razón de que un sector de una bóveda bien estribada no pueda caer hacia abajo es sencilla: para que eso ocurriera, otra parte de la bóveda tendría que desplazarse hacia arriba. Aprendimos a estimar las cargas de colapso de los puentes bóveda calculando la energía potencial de los bloques rígidos —e idealmente indestructibles— que ascendían y descendían dentro de un mecanismo cinemáticamente compatible.

Con estos métodos, sencillos de aplicar e interpretar, y con el conocimiento geométrico de los puentes de la red ferroviaria (recordamos aquí de nuevo a R. Ozaeta), tratamos de esclarecer con rigor la seguridad de un gran número de puentes de fábrica. Aplicábamos criterios simplificados pero objetivos para diagnosticar si una estructura presentaba riesgo frente al paso de las cargas actuales. De este modo quedaba superada la práctica de poner en duda bóvedas que no se ajustaban a los criterios de proyecto de ingenieros notables del siglo XIX.

Fue entonces cuando recibimos el encargo de estudiar el colapso de un puente de bóvedas sobre el río Órbigo en una riada mientras lo cruzaba un tren de mercancías, afortunadamente sin víctimas. El fallo involucraba dos vanos y su causa fue sin duda el descalce de una de las pilas por socavación durante la avenida. Los restos mostraban sectores enteros de bóveda desplazados pero íntegros; se habían movido como bloques rígidos. De forma poco habitual, el giro de la pila se había producido en el plano del alzado. Los análisis nos sorprendieron: bastaba un giro muy moderado de la pila para desencadenar el colapso en un puente de bóvedas rebajadas. Una pila que gira es lo opuesto a una bóveda bien estribada. Desde entonces, por desgracia, nos hemos enfrentado a muchos otros fallos de puentes —de todas las tipologías— provocados por avenidas catastróficas, cada vez más frecuentes.

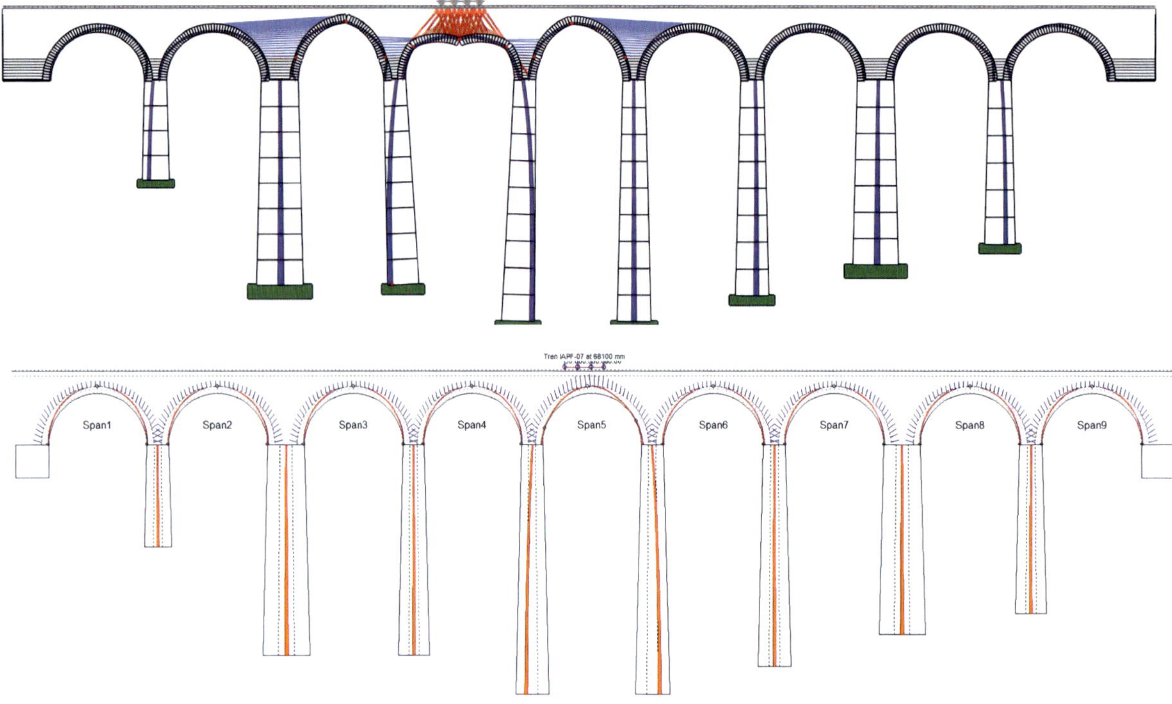


Se han desarrollado herramientas de software específicas para el análisis estructural de puentes de fábrica. Estas permiten modelar los rellenos granulares y su efecto en la difusión de cargas, así como los rellenos rígidos y su capacidad de confinamiento. Todos tienen la estrategia de identificar modos de fallo basados en la formación de mecanismos. Entre los más utilizados se encuentran RING (arriba), ARCHIE-M —por Bill Harvey— (abajo) y VLASTA, cuyo nombre no es una sigla, sino el de la hija de uno de los autores de este libro.

Como el propio Heyman advierte, las hipótesis simplificadas tienen a veces sus excepciones. Así pasa con las de irrelevancia de la resistencia a compresión y a cortante. Para profundizar en este aspecto planteamos una tesis con una parte experimental. Se trataba de estudiar la interacción entre esfuerzos normales y cortantes, incorporando además la excentricidad de las cargas.

Comprendimos por fin algo tan sencillo como el origen de la rotura a compresión de elementos de fábrica formados por piezas –sillares o ladrillos– de mayor resistencia trabados entre llagas y tendeles de morteros de mucha menor fortaleza. La fábrica falla a tensiones muy superiores a las que soporta el mortero, pero claramente inferiores a las que romperían las piezas por separado. Entendimos que lo decisivo no es tanto la resistencia del mortero sino el espesor de los

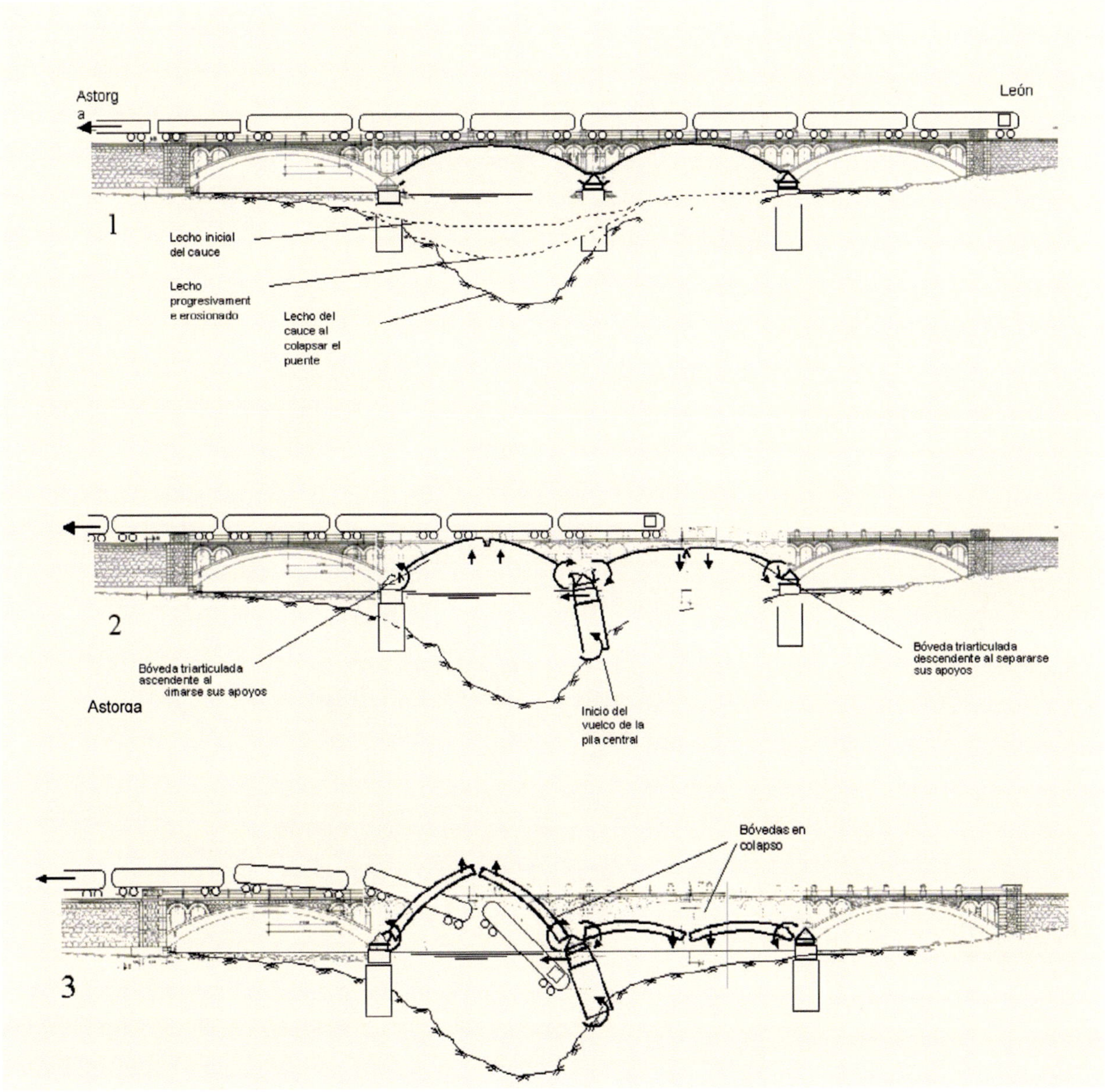


tendeles en relación con la altura de los sillares, y la resistencia a tracción de las piezas, ya que se trata de un material zunchado por otro. Algo bien sabido, desde hace años, por los fabricantes de apoyos de neopreno.

A continuación, profundizamos en cómo se produce la rotura por cortante en las fábricas. En general, bajo compresiones pequeñas, las piezas se deslizan unas sobre otras. Cuando las compresiones aumentan, aparece una rotura a tracción de las piezas, algo más compleja que en la compresión pura. De hecho, había-

**Esquema del mecanismo de colapso del puente de ferrocarril de Veguellina de Órbigo (León) en marzo de 2001. A pesar de que el estado de la estructura era correcto, la socavación durante una avenida provocó el giro de una de las pilas y el fallo de la estructura.**

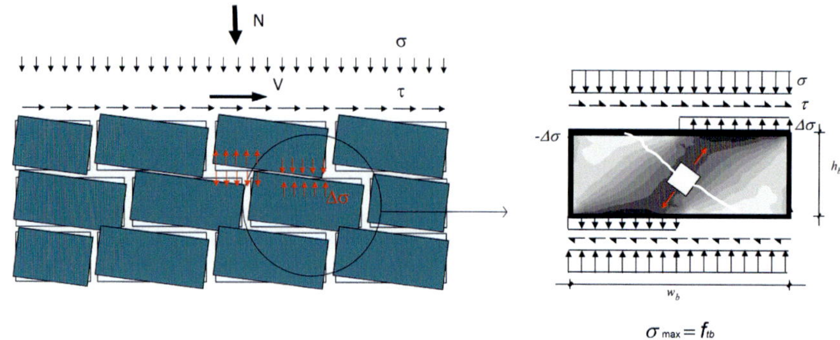


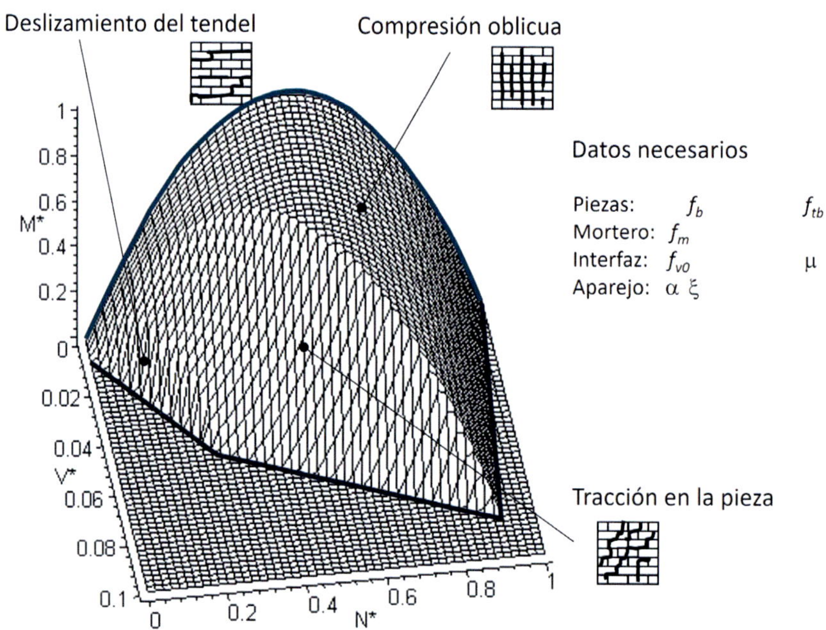


*Arriba:*
Fenómeno resistente que conduce a la rotura de la fábrica sometida a compresión y cortante en su plano. El contacto de dos materiales de diferente rigidez (mortero y piezas) genera tracciones en el cuerpo del ladrillo (o piedra). Los cortantes inclinan más estas tracciones que, cuando alcanzan un cierto nivel producen una rotura que se propaga en forma de grietas.

*Abajo:*
Representación de las combinaciones de compresión, cortante y excentricidad de la carga que producen la rotura de la fábrica. Para bajas compresiones el fallo se inicia por deslizamiento en los tendeles. Para compresiones moderadas y fuertes cortantes el fallo es el descrito en la figura superior. Finalmente, ante compresiones elevadas la fábrica estalla por microfisuración. En la práctica, este modo de fallo es muy infrecuente.

mos observado sillares desplazados y caídos en muchos puentes, en zonas descomprimidas donde se había perdido el material de la junta.

La experimentación nunca da lo que uno quiere y espera, sino lo que hay. Rompimos muretes en todas las combinaciones de axil y cortante, y lo que apareció fue la excentricidad. Intentábamos reproducir diagramas de interacción axil-momento como los que son tan útiles en hormigón armado pero la fábrica claramente exhibía una resistencia a compresión mayor en ensayos con la carga excéntrica que en casos de axiles centrados. Son fenómenos raros en los rangos tensionales habituales, pero el esfuerzo de explicarlos y cuantificarlos tiene un valor pedagógico en sí mismo.

La resistencia a compresión y el comportamiento diferido del material pueden ser determinantes en ciertos casos. En un material cuasifrágil como la fábrica, el fallo a compresión exige que se desarrollen fisuras en su interior, que alcancen un tamaño crítico, se conecten entre sí y provoquen el colapso de una zona lo bastante grande como para fracturar la pieza. Este proceso se alcanza a un nivel de tensión determinado que llamamos resistencia a compresión. En el caso del hormigón, los ensayos rápidos definen este valor como fc. Sin embargo, sabemos que una probeta sometida a compresión sostenida falla a tensiones menores, en torno al 0,85 fc, coeficiente que refleja el efecto de cansancio del material.

Catedral y torre cívica de Pavía antes del colapso de 1989. El cuerpo inferior de la torre fue construido en la segunda mitad del siglo XI y el campanario superior a finales del XV. De propiedad municipal desde el siglo XII, la torre era percibida como patrimonio de todos los ciudadanos. Sus campanas anunciaban tanto oficios religiosos como motivos profanos. En la ciudad de Pavía llegaron a contarse hasta 65 torres de fábrica, de las que han sobrevivido 20.

En la torre Cívica de Pavía, el nivel medio de compresión en los muros, cerca de la base, era de apenas 1,5 $N/mm^2$. Con restos procedentes del colapso se determinó una resistencia media a compresión de 2,8 $N/mm^2$. Los ensayos a tensiones inferiores a 2 $N/mm^2$ mostraron deformaciones que se estabilizaban al cabo de unos minutos. En cambio, bajo tensiones por encima del 70% de la resistencia, las deformaciones crecían progresivamente hasta desembocar en el fallo. Los ensayos más lentos y prolongados confirmaron un fenómeno de cansancio similar al observado en el hormigón, con una deformación a tiempo infinito que duplicaba la inicial.

Todos estos estudios realizados en nuestros primeros años de profesión han sido fundamentales a la hora de acercarnos a los proyectos en los que nos hemos visto involucrados a lo largo de los últimos años. Tuvimos la gran suerte de invertir 10 años de nuestras vidas en tratar de aprender y comprender el funcio-

namiento de estas estructuras, aprendizaje que se ha demostrado imprescindible a la hora de lidiar con nuestros bienes patrimoniales.

## Curiosidad y método: los comienzos en materiales

La curiosidad fue, y sigue siendo, nuestro punto de partida en el análisis de los materiales que conforman nuestro patrimonio. No es una ligera curiosidad que queda relegada por la admiración del elemento construido, sino una grave que te hace preguntarte por qué una piedra se exfolia en láminas finas; por qué un capitel fisura siempre en el mismo punto; por qué un muro se satura de sales o de dónde procede el carbonato que acaba formando estalactitas en la bóveda de un puente; si el material soportará las cargas presentes y futuras; cuánto puede durar una protección; si conviene sustituir, reforzar o no intervenir; y qué técnicas de análisis aportan información realmente útil.

Ensayo de un murete de ladrillo bajo compresión axial excéntrica y cortante en el laboratorio de estructuras de la Escuela de Ingenieros de Caminos de Madrid, donde tuvimos la oportunidad de trabajar con nuestro admirado maestro de laboratorio, Pepe Torrico.

Esa inquietud nos lleva a la aproximación de entender el material como un elemento que cuenta una historia —un material histórico de construcción— con un origen geológico o industrial del que hereda resistencia, porosidad y compatibilidades; con condiciones de extracción y fabricación que condicionan sus propiedades —no es lo mismo una extracción casi manual antigua

que los métodos actuales y el control de calidad que aplicamos— con una epidermis sometida al clima y a una cadena de sucesos e intervenciones acumuladas, y con un interior donde se decide su comportamiento a largo plazo. Lo que ocurre en esa piel y en ese interior rara vez se comporta como lo haría un hormigón, un ladrillo convencional o un acero actual; ahí reside la clave del diagnóstico.

Aquello que empezó como un hábito personal de observación se convirtió en método cuando lo compartimos con otros que miraban igual, desde ángulos distintos del mismo problema: arquitectos, ingenieros, petrólogos, químicos, canteros, restauradores y constructores. Con el tiempo, ese método —que antepone el diagnóstico profundo a la intervención rápida, entiende cada edificación, cada puente y cada muro como un caso único y combina ciencia, tradición, tecnología y oficio— se consolidó en proyectos compartidos y, finalmente, en una casa común.

**Estado de las tracerías flamígeras —calados decorativos— del claustro de la Catedral de Sigüenza en 2005. La piedra arenisca presenta avanzados procesos de erosión diferencial provocados por la acción combinada de la humedad acción salina y los ciclos de heladas y deshielos. El reto de la intervención consistía en detener los procesos de deterioro manteniendo la mínima sección resistente, sin reconstruir el volumen original de las tracerías.**

ESTADO GENERAL DE LA PORTADA 11/3/2003

## Fachadas, pórticos y otros elementos

En el ámbito de la mecánica y la durabilidad de los materiales en elementos patrimoniales, mi primer encargo en la cátedra de Petrología del Departamento de Ingeniería Geológica de la UPM (año 2002) fue estudiar por qué se deterioraban y cómo frenar el deterioro de las columnas de la plaza de Cervantes y la calle Mayor de Alcalá de Henares. Se trataba de fustes de caliza de páramo y dolomías, con sus basas y capiteles marcados por la intemperie y por todo lo sucedido a lo largo de los siglos: sobrecargas, impactos, reparaciones con distinta fortuna, pátinas y recubrimientos. Aquella historia material se traducía en fisuras francas y múltiples, cavernas por disolución, descamaciones por sales y heladas, pernos de hierro corroídos traccionando el interior de la piedra y rejuntados con morteros de cemento que impedían "respirar" al material.

La curiosidad allí fue una escuela: aprendimos a distinguir la grieta viva de la cicatriz antigua, a reconocer daños de cantera, a leer las pátinas sin confundirlas con suciedad, y a valorar cuándo un defecto era meramente estético y

*Página anterior:*
**Diagnóstico inicial de la Portada de Santa María la Real de Sangüesa en Navarra, siglo XII. El estudio, realizado en 2003, recoge de manera sistemática las patologías presentes en los relieves escultóricos y en la arquitectura de la portada, marcando sobre el alzado las zonas más afectadas.1. Las fotografías de detalle, vinculadas mediante códigos al plano general, permiten una lectura precisa de la distribución y tipología de los daños.**

**Detalle de la fachada-retablo de la iglesia de San Pablo (Valladolid) en 2004, estado previo a la rehabilitación integral. Figuras en altorrelieve parcialmente desfiguradas, pertenecientes al grupo escultórico gótico-isabelino característico del templo.**

cuándo iniciaba una pérdida de sección peligrosa. De esa lectura nació una intervención específica, pieza a pieza, centrada en una limpieza general con papetas absorbentes compatibles con las jabelgas tradicionales; la retirada de morteros incompatibles; el cosido buscando el monolitismo entre fuste y basa en elementos desplazados de su eje teórico; el apeo para la sustitución y centrado de capiteles; la recomposición con morteros hidráulicos de cal formulados ad hoc para cada textura y color; consolidaciones localizadas; veladuras; y un plan de control y seguimiento que ponía el énfasis en la durabilidad, manteniendo la estética y el carácter original que confieren su valor patrimonial.

El monasterio de Suso de San Millán de la Cogolla, cuna del castellano, nos obligó a afinar la escucha en un contexto de transiciones entre interior y exterior de las piezas con cambios bruscos de humedad, y la convivencia de los materiales tradicionales (durable y mecánica) con un recalce de micropilotes. La curiosidad dejó de ser una "mirada de cerca" para convertirse en una estrategia: cartografiar humedades, entender los ciclos higrotérmicos, separar la suciedad que protege de la que degrada, distinguir sales heredadas del propio material de las inducidas por intervenciones modernas. A cada paso nos volvía la misma pregunta: ¿qué pasa si limpiamos demasiado? ¿Qué cambia si rigidizamos aquí? ¿Qué bloqueamos si sellamos allá? Y la respuesta, casi siempre, era la misma: actuar certero, lo mínimo posible y con conocimiento.

Cartografía realizada en 2005 sobre la fachada exterior de la girola de la Catedral de Ávila (siglo XII). El gráfico identifica y delimita las zonas de mayor conductividad asociadas a la actividad salina, obtenidas mediante un conductivimetro adaptado y equipado con un sensor de diseño propio. Estas cartografías se se superponían a los planos de humedades y materiales con el fin de identificar las relaciones entre la concentración salina, la tipología material y las zonas de aporte hídrico.

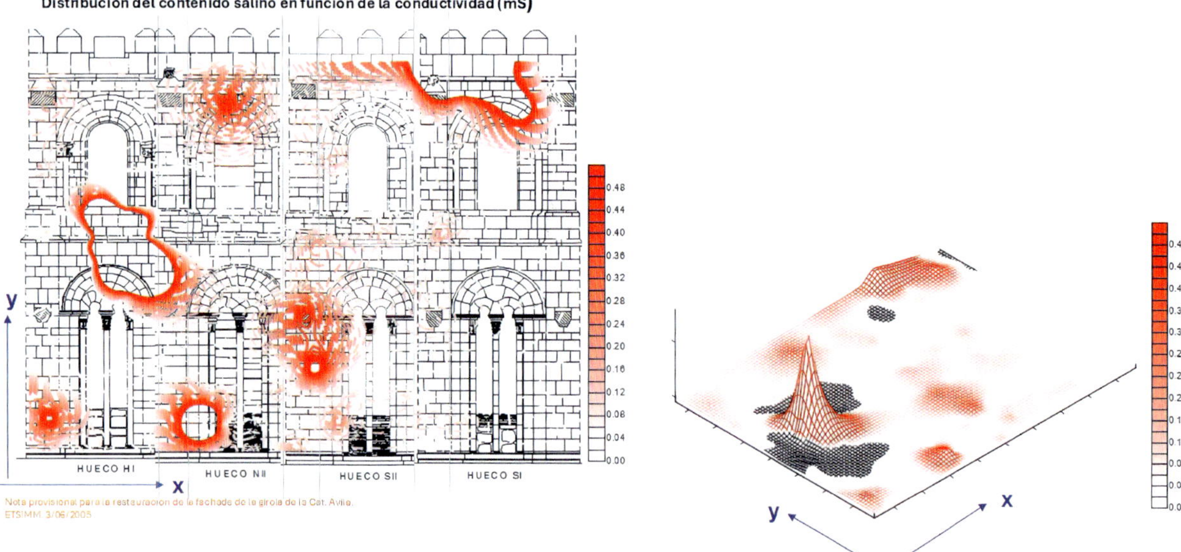

Esa misma lógica nos acompañó en Sangüesa, ante la portada románica de Santa María la Real. La arenisca y la caliza, trabajadas con una finura que el tiempo había vuelto frágil, mostraban alveolización en zonas batidas por el viento, deplacaciones donde las heladas encontraban agua, arenización bajo costras salinas. Cada lesión conducía al mismo origen: humedad y sales, a menudo potenciadas por rejuntados rígidos con morteros Portland que desplazaban el frente de evaporación hacia el interior del poro del elemento a proteger. Era tentador pensar en "limpiar y consolidar" como una pareja indivisible, pero la curiosidad —y la experiencia— nos decía que primero había que corregir el aporte hídrico, restituir compatibilidad en las juntas y solo después consolidar lo estrictamente necesario, respetando la porosidad al vapor de agua.

En la fachada sur de la Catedral de Logroño entendimos bien lo que significa que la piedra "piense" con el agua. Una buena parte de los deterioros observados eran, sencillamente, química en cámara lenta: disoluciones de carbonato cálcico en presencia de agua y dióxido de carbono; costras negras producto de sulfatación; zonas de descementación interna allí donde la porosidad y el microclima favorecían frentes de evaporación dentro de la pieza. La intervención no podía reducirse a "quitar lo negro": había que entender y cortar los caminos del agua, eliminar aportes de sales exógenas, devolver compatibilidad a las juntas. El informe lo decía con claridad: sin controlar las causas últimas, cualquier limpieza es insuficiente. La base química de ese deterioro —carbonato ácido que se forma en superficie en equilibrio, siempre dinámico, entre disolución y recristalización— es tan sencilla como inexorable; la vimos también en fuentes y esculturas de mármol donde el desgaste aparente era, en realidad, una huella de flujos de agua y dióxido de carbono.

La emergencia en las bóvedas y en los paramentos exteriores del presbiterio de la Catedral de Ávila nos mostró, con crudeza, la complejidad de su fábrica. La llamada piedra sangrante de Ávila —estéticamente poderosa por sus cambios del rojo al gris y petrológicamente heterogénea que pasa del granito a la arcilla en distintas zonas de un mismo sillar— nos ofreció un mapa casi didáctico de cómo una misma fábrica puede tener distintas resistencias y requerir distintos

Morfologías de deterioro sobre piedra arenisca: alveolización, desplacación, arenización, eflorescencias y precipitados salinos. En esta etapa estudiábamos cada uno de estos procesos en función de la naturaleza del material —mayor o menor cementación—, el efecto del secado en zonas con corrientes de aire (generadoras de alveolizaciones), el tipo de sal presente en los precipitados y la porosidad de los materiales.

tratamientos. Las bóvedas sudaban hacia el intradós: concreciones calcáreas, manchas oscuras por biocolonias y goterones que marcaban rutas preferentes de percolación. Sabíamos que bajo esas huellas la fábrica podía estar sana o al borde de la descementación, según la posición del frente de evaporación.

El esquema —que después aplicamos una y otra vez en bóvedas y puentes— es claro: si el relleno del trasdós es más poroso que la bóveda, el agua deriva hacia los riñones; si es menos poroso, aflora en claves; y si hay fisuras, estas se convierten en autovías. A cada patrón, su estrategia: drenar y sellar en trasdós (sin impermeabilizaciones ciegas), sanear y rejuntar, desalar con compresas y consolidar lo imprescindible. Una lección que seguimos aplicando: ver el daño —la marca— y pensar el sistema.

El **Pórtico de la Gloria** nos enseñó el valor de las pátinas y la virtud de la paciencia, pero también a leerlo como un sistema complejo cripta–pórtico–torres cuyo equilibrio cambió con varios hitos: la sustitución de la antigua fachada abierta por la barroca del Obradoiro, que encerró el conjunto y alteró su microclima; las modificaciones y recrecidos barrocos también de la Torre de las Campanas (sur); y el cierre de huecos —incluidas ventanas y pasos de aire de los leones de la basa del parteluz— concebidos como respiraderos que comunican simbólica y físicamente con la cripta, pieza clave del dispositivo de aireación original, que mermaron la ventilación del conjunto y eran la causa principal de la pérdida acuciantes de las policromías y capas base soporte. Desde la plaza, la torre derecha es la sur, la Torre de las Campanas: presenta una inclinación en torno a 40 cm y arrastra patologías históricas; en sus cámaras bajas se documentaron rellenos y reutilizaciones de piezas —incluso escultóricas—, y fisuras y entradas de agua vinculadas a esa zona hicieron que las señalásemos como vía de aporte de humedad hacia el pórtico.

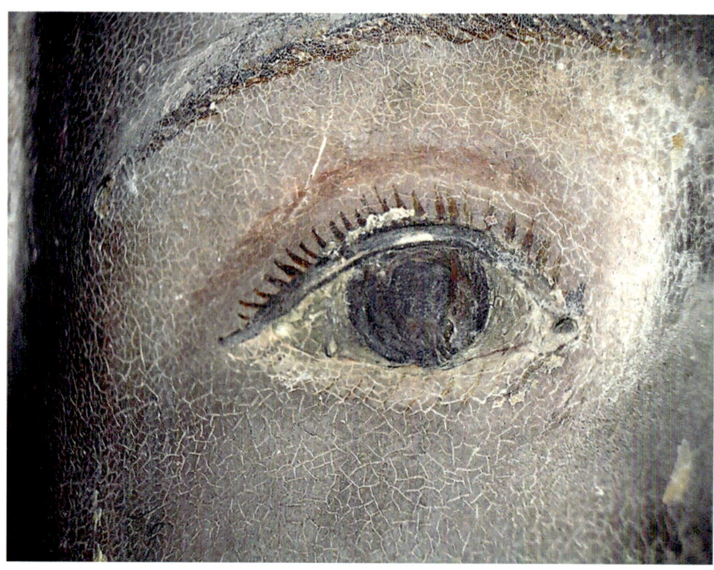

Detalle de las policromías y bases pictóricas del ojo del Arcángel Gabriel en el Pórtico de la Gloria (Catedral de Santiago). El Pórtico, obra maestra del Maestro Mateo (ca. 1168–1188), conserva una compleja superposición de capas pictóricas medievales que han sufrido alteraciones por acumulación de suciedad, depósitos salinos, consolidantes antiguos y microfisuración del estrato pictórico.

Corregir humedades y condensaciones fue condición previa a cualquier limpieza o consolidación. Nuestro estudio técnico combinó documentación topográfica y 3D de cubiertas y nártex con una batería analítica excepcional sobre policromías (microscopía estratigráfica y cromatografía de gases, XRF, FTIR, Raman, DRX) que confirmó campañas superpuestas y pigmentos nobles como el lapislázuli, además de definir criterios de intervención muy contenidos: microaspiración de polvo y limpiar solo donde la costra perjudicase la lectura o la conservación; consolidar con productos compatibles en dosis que respetasen porosidad y permeabilidad; reintegrar únicamente lo imprescindible con morteros reversibles; y monitorizar. Nada espectacular: primero las causas (agua y sales), después los síntomas. El resultado, sin embargo, sorprende a quien recuerda el estado previo del pórtico del Maestro Mateo.

En **Sigüenza**, el claustro y el asolado ampliaron la escala del problema y nos obligaron a pasar del frente singular al conjunto. Ya no bastaba con diagnosticar una portada: el desafío era un sistema completo expuesto a agua, sales y ciclos térmicos, con areniscas que no respondían igual. Lo que a ojo se intuía —que no hay una piedra de Sigüenza, sino varias— se hizo medible con una campaña de ensayos: lámina delgada y DRX para mineralogía y cementación; porosimetría de mercurio y cinética de absorción/evaporación para distribución de poro y régimen hídrico; análisis de sales para localizar frentes de evaporación-cristalización. El resultado fue estratificar por variedad litológica y estado y asignar a cada una pauta de intervención distinta: desde desalaciones por compresas y rejuntados de cal hasta consolidaciones localizadas con criterios de compatibilidad y reversibilidad. El asolado, con su función de evacuar aguas, dejó otra lección: en patrimonio, desde el punto de vista durable, muchas veces es más importante guiar el agua que impedirla.

## El punto de encuentro: los puentes de bóvedas ferroviarios. Resistencia y durabilidad

Mientras aprendíamos a leer edificios, iglesias y catedrales, llegaron los puentes de fábrica, especialmente los ferroviarios, y con ellos la evidencia de que las fábricas no solo lucen ante la vista: trabajan, y lo hacen de manera intensa. Son obras concebidas bajo la lógica ingenieril del siglo XIX y comienzos del XX, con materiales tradicionales –piedra de cantería, fábricas de ladrillo, rellenos ciclópeos, etc.— que confinan rellenos granulares en los tímpanos y trasdo-

Costra negra desarrollada sobre la piedra arenisca de la Quinta Parroquia de Bilbao- San Vicente Mártir de Abando, conocida históricamente como la "catedral de Bilbao" de la villa antes de la consagración de la Catedral de Santiago. Este tipo de alteración superficial es característico de áreas sometidas durante décadas a una elevada contaminación atmosférica industrial.

Puente ferroviario sobre el río Truchas en la línea Zamora–A Coruña. Estructura característica de la línea, construida mediante "sillares de hormigón", que reproducen la lógica de una fábrica tradicional de mampostería o sillería, pero ejecutada con un material moderno: hormigón. Este sistema, utilizado en puentes de bóveda tempranos, combina la técnica de la fábrica pétrea con la introducción de sillares prefabricados de hormigón en masa.

ses. Nacieron con una vida útil razonable para su época y pensando en cargas y velocidades de trenes de vapor; hoy circulan composiciones más pesadas y rápidas (hasta 160 km/h) y, en demasiados casos, han pasado probablemente demasiadas décadas con mantenimiento irregular o casi nulo. Tener delante un parque tan amplio, construido con una "población" de materiales relativamente común, expuestos a diferentes acciones, nos dio el soporte definitivo para un proyecto de tesis doctoral orientado a identificar y modelizar los procesos de deterioro que se activan en estas fábricas.

La literatura de inspecciones y ensayos que fuimos acumulando en líneas férreas y carreteras dibuja una anatomía común y, con ella, una forma de mirar. Para estudiar un puente arco/bóveda hace falta una aproximación estructural que incorpore una visión geotécnica del relleno (densidad, humedad, módulo de deformación, compacidad, drenaje) y, a la vez, una lectura durable de la envolvente —bóveda, pilas, estribos y paramentos— como la que venimos aplicando en fábricas históricas. En esencia, el arco resiste por forma: si la fábrica no ha perdido sección ni propiedades esenciales (cohesión del mortero, integridad de juntas, continuidad de la bóveda) y si el relleno colabora correctamente, el sistema suele admitir incrementos de carga muy relevantes. El problema aparece cuando los procesos de deterioro reducen la capacidad de la sección resistente o alteran el camino de las cargas. Las pérdidas de material principal o junta, la descementación por disolución de los rellenos rígidos, grietas y aberturas en la bóveda o asientos diferenciales facilitan la formación de rótulas y la redistribución no deseada de empujes.

Esos procesos afectan por igual a la piedra, al ladrillo, a los morteros y a los hormigones históricos. En el frente petrofísico se manifiestan como ataque salino (eflorescencias y criptoeflorescencias) que derivan en arenización y pérdida de relieve en sillares de hastiales; ciclos hielo-deshielo que producen descamaciones y deplacaciones en cornisas, impostas y pretiles; lavado y lixiviación de fracciones finas en ladrillos y morteros con la consiguiente pérdida de cohesión; y aportes de humedad por capilaridad desde el terreno y las tierras de acompañamiento, además de la percolación desde tableros que "pinta" el intradós con concreciones calcáreas, eflorescencias y biocolonias.

En los elementos metálicos, el deterioro principal es la corrosión. Grapas, anclajes o refuerzos se oxidan y generan productos expansivos cuyo volumen supera varias veces al del metal original, fisurando la fábrica. El proceso electroquímico combina zonas anódicas donde el hierro se disuelve y zonas catódicas donde el oxígeno forma grupos $OH^-$, que precipitan hidróxidos y óxidos de hierro (herrumbre). En ambientes carbonatados o con cloruros, la película pasiva se rompe y la reacción se acelera, provocando un ciclo de más óxido, más expansión y más

**Puente sobre el barranc dels Masos, línea Tarragona–Zaragoza PK 562+501. Viaducto curvo de bóvedas de 218 m de longitud y 36 m altura. Ladrillos en bóvedas tímpanos y remates; sillarejos de arenisca en pilas y tímpanos. Notables daños durables en todas las fábricas, relacionados con filtraciones y líneas de escorrentía.**

daño estructural. Conviene distinguir entre hierro pudelado y los primeros aceros laminados (aceros al carbono "dulces"): el primero, con estructura fibrosa e inclusiones de escoria alineadas, tiende a corroerse siguiendo esa fibra y a delaminar; los segundos, con calidades variables (fósforo y azufre más altos que los estándares actuales y uniones por roblonado o soldadura propias de su tiempo), pierden rápidamente su pasividad en presencia de cloruros o tras la carbonatación del mortero que los rodea. En ambos casos, los óxidos generados tienen un volumen varias veces superior al del metal original, produciendo esfuerzos expansivos capaces de reventar juntas y hacer palanca sobre dovelas y sillares. La experiencia de campo confirma este efecto: bulones, cosidos o drenajes metálicos introducidos en fábricas históricas terminan oxidándose y fracturando la piedra o el ladrillo que pretendían estabilizar, de ahí que hoy se recomiende sustituirlos por materiales no ferrosos (fibra de carbono) o inoxidables y, en todo caso, protegerlos con recubrimientos e inyecciones que reduzcan su exposición.

**Arbotantes y paramentos exteriores de la Catedral de Ávila, construidos con la combinación característica de granito gris y piedra "sangrante" de Ávila (cuarcita ferruginosa de tonos rojizos). En la imagen se aprecian los elementos estructurales principales —arbotantes, contrafuertes y paños de muro con vanos apuntados— junto con diversas patologías.**

Lo importante no es acumular patologías en una lista, sino reconocer sus patrones de distribución, porque ahí se esconden las causas y, con ellas, las medidas de control: el patrón vertical, gobernado por la capilaridad, explica la humedad ascendente y los depósitos salinos en zócalos y hastiales; el patrón concéntrico, ligado a los rellenos del trasdós, se manifiesta como humedades anulares que afloran en riñones o claves según la porosidad relativa entre bóveda y relleno; y el patrón lineal delata filtraciones focalizadas en juntas de tablero, bajantes y encuentros. A cada patrón, su respuesta: drenar las tierras y tímpanos, aliviar presiones en trasdós, abrir-sanear-rejuntar con morteros de cal compatibles, desalar donde proceda, consolidar solo lo imprescindible y guiar el agua —nunca pretender bloquearla—; y, por encima de todo, no añadir rigidez donde no toca (encamisados u hormigonados indiscriminados) porque desplazan las líneas de presiones y alteran el mecanismo resistente original. La lección que se repite es siempre la misma: ver el daño y pensar el mecanismo o proceso de deterioro. Primero entender la estructura y su exposición, confirmar con datos (inspección visual, mapeos, ensayos no destructivos, georradar/termografía cuando aporta, muestreos y laboratorio bien dirigidos) y solo después proponer actuaciones compatibles, mínimas y reversibles.

Estos planteamientos se vieron después completados en intervenciones muy diversas: la **portada de San Pablo de Valladolid** (s. XV), la fachada del **edificio del Senado en Madrid** (s. XVI, con reformas posteriores), la **Catedral Magistral de Alcalá de Henares** (s. XV–XVI), el **Palacio de Camposagrado** en Avilés (s. XVII), el **castillo de Jadraque** en Guadalajara (s. XV), el solado de la **iglesia de Meco** (s. XV, arrasado por las tropas napoleónicas en el XIX), las estatuas exteriores de la **Catedral de Burgos** (s. XIII–XIV), la **iglesia de Santa María de Oia** (s. XIII), la de **San Martín de Quintanilla de las Viñas** (s. VII), el **Castillo de Sancti Petri** en Cádiz (s. XVIII) y, ya en época contemporánea, el **edificio de Correos de Barcelona** (1914–1929). Cada uno, con su material y su historia, fue confirmando y afinando un mismo método de trabajo.

De toda esa experiencia nació una gramática compartida de los procesos de deterioro y las técnicas de reparación/restauración. La organización conceptual que empleamos —materiales, procesos, tratamientos— la fuimos decantando con casos y con bibliografía técnica, y hoy la resumimos en tres preguntas que nos hacemos siempre: ¿de qué está hecho? ¿Qué le pasa? ¿Qué se puede hacer que no lo empeore dentro de cinco, diez o veinte años?

Si algo quisiéramos que quedara de estos comienzos es la actitud. La curiosidad que pregunta antes de actuar. La humildad de aceptar que, a veces, es mejor drenar que consolidar, rejuntar que reconstruir, estudiar que intervenir. La convicción de que cada bien es un caso único y de que el mejor aliado del patrimonio no es la técnica más sofisticada, sino el diagnóstico que la hace pertinente. Y la certeza de que, cuando se comparte una manera de mirar, el oficio crece: lo personal se vuelve método, el método se vuelve equipo, y el equipo se vuelve proyecto. Así ha sido para nosotros. Así queremos que siga siendo.

# MURALLAS, MOLINOS Y CASTILLOS

## BIENES PATRIMONIALES EN EL LITORAL GADITANO

## BIENES PATRIMONIALES EN EL LITORAL GADITANO

*Página anterior:*
Vista del islote de Sancti-Petri y su castillo una vez finalizada su restauración. Se puede apreciar la reconstrucción del muro sur con sillería y la generación de un punto de embarque mediante un nuevo dique de hormigón.

Vista del Molino de mareas El Caño previa a la intervención. Recrecidos de muros, cubierta de uralita, deterioro generalizado de las fábricas, degradación del entorno del caño y marismas por abandono continuado y uso indebido.

### ¿Musealizar la ruina o rehabilitar el bien para nuevos usos?

Durante los primeros años dos mil, la Dirección General de Costas, por medio de la Demarcación de Costas de Andalucía Occidental, impulsó la puesta en valor de diversos bienes situados en el litoral de la provincia de Cádiz. El objetivo era recuperar la franja costera y sus elementos singulares, atendiendo a sus valores patrimoniales y ambientales. Aquella iniciativa supuso un hito en el tratamiento del patrimonio costero porque —como veremos— se optó decididamente por rehabilitar e integrar estos bienes en la vida contemporánea, en lugar de musealizar las ruinas para su mera contemplación.

La decisión no fue sencilla. Exigía valorar el estado de conservación real, el medio físico —tan bello como agresivo— y la sostenibilidad futura de cada intervención. La rehabilitación del Castillo de Sancti Petri, del Casti-

**llo de San Sebastián, el Molino de Mareas El Caño, las murallas de Cádiz y el Real Carenero de San Fernando se convirtieron así en un itinerario de aprendizaje: un mismo litoral, cuatro historias materiales, un criterio común. Todos comparten rasgos que han condicionado la intervención: ubicación en un entorno ambientalmente protegido y climáticamente duro; llegada a nuestros días con deterioro avanzado (salvo el caso particular de las murallas, con mantenimiento continuado, aunque no siempre acertado); y uso de materiales tradicionales de la zona, con propiedades mecánicas y durables muy particulares.**

**El litoral de Cádiz, jalonado por ríos y caños, marismas, salinas y playas, se configura como un entorno privilegiado que acoge una gran cantidad de bienes patrimoniales que ayudan a entender y explicar la larga historia de esta región de España. En las últimas décadas, la elevada población concentrada en su entorno ha modificado enormemente su aspecto original, haciendo difícil, en ocasiones, identificar y entender la misión que han tenido en el pasado. Su rehabilitación y puesta en valor responde, por tanto, a una larga deuda con la historia.**

## Descripción de los bienes y su entorno

- El **islote de Sancti Petri** con su fortaleza está enclavado frente a las costas de San Fernando y Chiclana, en la misma desembocadura del caño de Sancti Petri, donde los historiadores ubican el templo legendario de Hércules. El castillo actual se integra dentro de las fortificaciones construidas durante los siglos XVI-XVIII para la defensa de la bahía de Cádiz. Su importancia va más allá de los restos monumentales ya que está integrado en un espacio natural de indudable valor. Ha sido declarado Bien de Interés Cultural con la categoría de monumento. Asimismo, también ha sido incluido en el Inventario de Espacios Naturales, dentro de la declaración como Parque Natural la Bahía de Cádiz.

- La ubicación de **los molinos de marea en la bahía de Cádiz** está estrechamente vinculada a su entorno físico, configurado originalmente por fangos intermareales, salinas y marismas que conformaban una densa red de caños, canales y brazos por donde circulaban las aguas de las mareas. Este terreno, formado por los sedimentos depositados por el río Guadalete, determinó tanto la localización como la tipología constructiva de estos ingenios hidráulicos. En El Puerto de Santa María solo se levantó un molino de este tipo, conocido como Molino de El Caño, dispuesto perpendicularmente al Caño de la Madre Vieja —también denominado Caño del Molino—, un brazo secundario de orientación noreste respecto al río Guadalete. Esta disposición le permitía actuar como cierre del cauce durante la pleamar, embalsando el agua en su estanque para aprovechar su energía en la bajamar.

Las edificaciones que conforman el conjunto del molino pueden dividirse en dos grandes grupos. El primero corresponde a la planta original, de dos pisos, que incluye el molino propiamente dicho y, al oeste, el edificio contiguo donde se situaban las dependencias auxiliares —el cuarto de clasificación de harinas, los establos y otros espacios de servicio—. El segundo grupo lo constituye una zona de construcción posterior, formada por una nave que prolonga el molino original hasta la calle y un almacén erigido sobre el solar donde antaño se encontraba el jardín. Ambas zonas se hallan comunicadas mediante una puerta que articula el conjunto y evidencia las sucesivas fases constructivas del edificio.

- **Las murallas de Cádiz** configuran la imagen más reconocible de esta ciudad milenaria, conformando un amplio sistema defensivo que circunscribe el casco histórico levantado en el siglo XVIII. El conjunto se refuerza mediante una sucesión de baluartes y castillos cuya función original era la protección militar de la ciudad y el control de los accesos a la bahía. En su conjunto, constituyen un potente muro perimetral que ha terminado por definir la fisonomía urbana de Cádiz y su relación con el mar.

Con el avance del siglo XIX, el uso estrictamente militar de estas fortificaciones fue cediendo progresivamente a un uso urbano y civil, pasando su misión principal a ser la defensa frente a los embates del Atlántico. Ya en el siglo XX se produjeron diversas demoliciones parciales —la muralla del frente portuario, la Puerta de Tierra o el Baluarte de San Roque— que modificaron la continuidad del trazado original.

En la actualidad, la muralla urbana de Cádiz se conserva en una extensión considerable, de todos sus tramos, el frente marítimo es probablemente el mejor preservado. No obstante, debido a su emplazamiento, a la naturaleza de sus materiales y a la constante acción marina, ha requerido restauraciones frecuentes y sistemáticas a lo largo del tiempo. Estas labores de reparación y conservación, ejecutadas prácticamente de forma ininterrumpida desde su construcción, han contribuido decisivamente a configurar el modelo urbano actual. Todavía hoy pueden recorrerse más de siete kilómetros de defensas históricas: el Baluarte de Puerta de Tierra, la muralla del Vendaval o Puerta del Sur, La Caleta con los Baluartes de San Pedro y San Pablo, el Castillo de Santa Catalina, el Baluarte del Orejón y la Puerta de la Caleta, el Castillo de San Sebastián o el Baluarte de San Carlos, entre otros.

▸ **El Real Carenero** y **las baterías defensivas** —Batería de San Pedro, Batería de San Pablo, Batería de San Ignacio y Batería del Ángulo— forman parte del Sitio Histórico Puente Suazo y Fortificaciones Anejas, localizado en los términos municipales de San Fernando y Puerto Real, y que abarca una extensión aproximada de 291 000 m$^2$. Se trata de un amplio territorio situado dentro del Parque Natural de la Bahía de Cádiz, distribuido a ambos lados del Caño de Sancti Petri. Este caño constituye la principal arteria de comunicación entre las aguas abiertas del océano Atlántico y las aguas interiores de la bahía a lo largo de un sinuoso recorrido de dieciocho kilómetros que desemboca frente al Castillo de Sancti Petri.

Con su rehabilitación se ha recuperado el estado original de uno de los primeros astilleros de la bahía de Cádiz, cuyas raíces se remontan al siglo XVI. Tras el traslado de los usos del Real Carenero al Arsenal de la Carraca, los antiguos almacenes pasaron a desempeñar funciones muy diversas: primero como cuarteles durante el asedio a la isla de León en la guerra de la Independencia y, posteriormente, tras su desmilitarización, como espacios de aprovechamiento civil. Des-

**Vista aérea del Castillo de San Sebastián y de la Avanzada de Santa Isabel en primer plano y de la ciudad de Cádiz y sus murallas en segundo plano. Murallas, mar y ciudad en una combinación única.**

de entonces, estas edificaciones han albergado una sorprendente variedad de actividades —fábrica de licores, carpintería de ribera, bodega e incluso cabaret— que, si bien contribuyeron a su supervivencia, fueron alterando paulatinamente su configuración original. Entre las modificaciones más notables se encuentran los recrecimientos en altura, la apertura de nuevos huecos, el cegado de vanos primitivos y otras transformaciones derivadas de cada cambio de uso.

Castillos, molinos, astilleros y murallas se integran así en un mismo paisaje cultural, reflejo fiel de las características históricas, geográficas, culturales, paisajísticas y arquitectónicas de la bahía de Cádiz y de su evolución a lo largo del tiempo. La rehabilitación de estos elementos —como veremos más adelante— nos ha obligado a abordar numerosas cuestiones: ¿musealizar la ruina o dotar al bien de un nuevo uso que garantice su permanencia? ¿Emplear materiales tradicionales mediante técnicas artesanales o incorporar soluciones constructivas más avanzadas que, aun manteniendo la tradición, aseguren una mayor durabilidad en entornos tan agresivos por la presencia constante de aerosoles marinos y vientos cargados de partículas en suspensión? ¿Cómo articular la relación entre el bien patrimonial y el paisaje que le da sentido?

Vista del Puente del Zuazo en su estado actual. La bóveda de la izquierda es original y de fábrica de dos roscas de sillería, la segunda es un trampantojo realizado en el siglo XX, un chapado de piedra que oculta dos vigas de hormigón interiores. El puente del Zuazo ha sufrido de demasiadas intervenciones en el pasado sin una estrategia clara y con un resultado desigual.

Estas y otras preguntas han hecho que los proyectos de rehabilitación y restauración ambiental de la zona profundicen tanto en los aspectos técnicos como en los conceptuales. Nuestra intención, en última instancia, no ha sido otra que dotar a estos bienes de una nueva vida, rescatándolos del abandono en el que se encontraban y devolviéndolos a su contexto natural y cultural.

# Una mirada a su pasado

## El castillo de Sancti Petri: entre la leyenda y la historia

Las fuentes grecorromanas informan de la existencia de un santuario o templo dedicado a Heracles —es decir, a Melkart—, también denominado Herakleion o Hercules Gaditanus, que pudo fundarse en tiempos de la guerra de Troya, hacia comienzos del siglo XII a. C. Fue erigido por los fenicios procedentes de Tiro, fundadores de Gadir en la bahía de Cádiz, dentro de su expansión colonizadora por el Mediterráneo occidental, reproduciendo en Occidente los sistemas económicos, religiosos y urbanos de las poleis fenicias orientales. La fundación de este templo es narrada por Estrabón en su *Geografiké*, escrita en el siglo I a. C., donde relata que un oráculo envió a navegantes fenicios desde Tiro a establecer una factoría más allá de las Columnas de Heracles. Tras dos viajes infructuosos, en el tercero desembarcaron en una isla próxima al continente, donde los presagios les fueron favorables y fundaron la ciudad de Gadir en el extremo occidental de la isla, situando en el oriental el templo de Melkart. Ambas fundaciones estaban separadas por doce estadios, en alusión simbólica a los doce trabajos de Hércules. Aquel santuario se levantaba en la entonces isla mayor del archipiélago gadirita, conocida como Kotinoussa, de la que formaría parte el actual islote de Sancti Petri, una cuestión aún discutida desde el punto de vista geoarqueológico.

Los restos del templo de Melkart parecen hallarse hoy bajo el mar, algo comprensible si se tiene en cuenta que ya en época antigua las mareas oceánicas inundaban regularmente el edificio, lo que sugiere una arquitectura concebida para integrar el agua y sus ciclos en los rituales del culto.

Bajo la dominación romana se construyó la vía Heraclea, calzada que unía Gades con Roma y que servía además de enlace entre el templo y la isla de Gades. Las últimas refe-

Estado previo a la intervención de las estancias interiores del castillo de Sancti-Petri.

rencias conocidas sobre el santuario de Melkart pertenecen a época tardorromana, posiblemente al siglo IV, cuando el cristianismo había desplazado casi por completo a los antiguos cultos paganos en el Mediterráneo. Existen menciones islámicas que insinúan la pervivencia de comunidades cristianas en la zona hasta los siglos X y XI, momento en el que la llegada de los almorávides y almohades puso fin a la tolerancia religiosa anterior. De este modo se habría consumado la destrucción del templo de Heracles, acelerada tanto por la acción erosiva del mar como por su explotación como cantera de piedra ostionera. Los testimonios documentales islámicos son escasos y vagos, pero mencionan la existencia de una primitiva atalaya atunera o almenara, restos de templos antiguos y dos castillos: Sancti Petri y al-Mal'ab (el teatro).

Tras la conquista y repoblación de Cádiz bajo el reinado de Alfonso X el Sabio, en el segundo tercio del siglo XIII, la pesca se consolidó en paralelo a la producción de sal marina. A finales del siglo XIV las instalaciones pesqueras del islote de Sancti Petri se encontraban plenamente operativas. Además de un embarcadero y almacenes para la transformación de las capturas, la industria almadrabera requería de un puesto de vigía que dominara visualmente el entorno. Estas necesidades pudieron motivar la reutilización de una posible almenara islámica o la construcción de una nueva torre, situada probablemente en el área meridional del islote, bajo la actual torre del castillo, o como una primera versión de la misma.

La torre que hoy se conserva, ya artillada, estaba en uso desde el tercio central del siglo XIV, y junto a ella debieron levantarse algunas dependencias adosadas al sur destinadas a la guarnición. En 1587 y 1596, los ataques ingleses obligaron a reforzar la defensa de este punto estratégico en la entrada exterior del caño, construyéndose

Vista cenital del castillo de la torre Norte del Castillo.

entonces la batería semicircular y cerrándose el recinto por el lado sur de la torre. A sus funciones de almenara y atalaya se añadió la de faro. Esta transformación, o más bien consolidación de su carácter militar, se completó tras el ataque angloholandés de 1702, que impulsó la fortificación de la isla como llave defensiva de la capital. La estructura del castillo fue entonces modificada para ampliar su capacidad artillera, articulando el conjunto final formado por la torre, la batería semicircular y las estancias anexas que cerraban el recinto por el frente marítimo.

En la segunda mitad del siglo XVIII se emprendió la construcción de la **Batería de la Avanzada**, destinada a fortificar la zona sur del islote con frentes artilleros que batían tanto la entrada del caño como el sector marino hacia el suroeste. Pronto se hizo evidente la necesidad de un cierre completo de la fortificación, integrando la torre y la batería de la Avanzada en un único conjunto. En 1772 se ejecutó dicho cierre, uniendo ambos elementos mediante nuevos muros y habilitando una batería adicional que cubría el caño, junto con otra dotada de reducto central cuyos fuegos se orientaban al frente marino occidental.

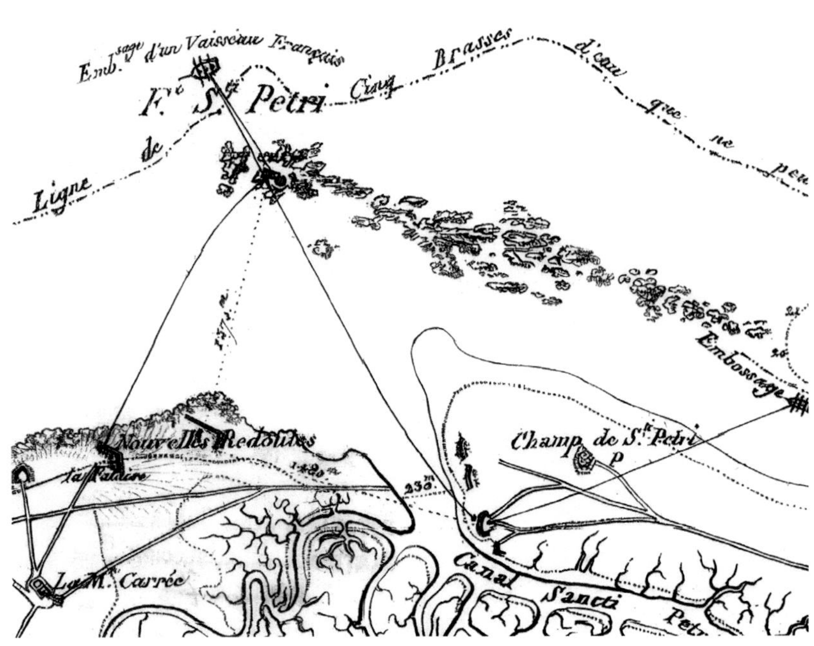


Durante esta década se construyó también un muro con merlones de greda para veinticuatro piezas de artillería. La fortificación contaba con cinco frentes dotados de parapetos a barbeta, lo que otorgaba mayor libertad de tiro a los cañones, permitiendo batir el mar en todas las direcciones. Los navíos que intentaban acceder al río Sancti Petri debían aproarse a la batería, lo que dificultaba cualquier respuesta eficaz de sus cañones frente a los del castillo. En este mismo periodo se introdujeron modificaciones en el número y tamaño de las estancias adosadas a la torre, en el muro angulado donde se situó la entrada principal y en la instalación de dos brocales de pozo en el antiguo patio de armas de la batería semicircular más la batería semicircular..

A comienzos del siglo XIX se añadió un antemuro destinado a proteger las baterías de la acción directa del mar. Este antemuro enlazaba con la batería semicircular a lo largo de todo el frente del caño. También la entrada del castillo fue modificada: el acceso dejó de ser directo y se estableció un recorrido previo a través de una

**Grabado del Islote y caño de Sancti-Petri realizado por los franceses en su asedio a Cádiz a principios del siglo XIX. Es interesante observar cómo tenían perfectamente posicionadas tanto las baterías defensivas españolas en el propio castillo y protegiendo la entrada del Caño. También se puede apreciar la línea de "Cinc Brasses" delimitando el calado para los buques de guerra.**

pequeña estancia antes de alcanzar el interior del recinto. A partir de entonces, el edificio adquirió su configuración definitiva, la que hoy conocemos, con apenas ligeras reformas posteriores en la zona oriental de la batería de la Avanzada y la adición de alguna nueva dependencia junto a la batería semicircular.

## Molino de mareas, la industria del cereal en la bahía

Las fuentes documentales sitúan los orígenes de los primeros molinos mareales en el siglo XI, tanto en la península mesopotámica como en las islas británicas. Posteriormente, su uso se fue extendiendo de manera paulatina a lo largo del continente europeo. En la península ibérica, la primera referencia a un molino de marea se localiza en la bahía de Cádiz, concretamente en Puerto Real, durante el siglo XVI. Sin embargo, la época de mayor esplendor de estos ingenios hidráulicos corresponde a los siglos XVII y XVIII, cuando el auge del comercio con ultramar generó un notable incremento demográfico que, a su vez, exigió una mayor producción de un alimento básico como era el pan. A mediados del siglo XIX, con la llegada de la Revolución Industrial y de nuevas fuentes de energía —especialmente el carbón—, comenzó el progresivo declive de este tipo de maquinaria.

Desde entonces, sus instalaciones fueron abandonadas de manera paulatina, expuestas a la inevitable agresión del medio marino, hasta arruinarse. En la actualidad, muchas de aquellas edificaciones han desaparecido definitivamente, mientras que otras resisten, aunque en un estado muy deteriorado, el paso del tiempo.

Los molinos mareales presentan un funcionamiento semejante al de los molinos de agua situados en los cauces fluviales, variando únicamente el mecanismo motor. Se caracterizaban por aprovechar como fuerza motriz el movimiento intermareal del agua del mar, es decir, la energía liberada por sus ciclos de ascenso y descenso —flujo y reflujo—. Se construían en zonas del litoral que permitían levantar presas capaces de embalsar el agua durante la pleamar, de modo que, al vaciarse en la bajamar, se generaba una corriente lo suficientemente intensa como para accionar todo el mecanismo del molino. El objetivo era acumular una gran cantidad de agua que luego se evacuaba a través de compuertas, canalizándola mediante unos abocinamientos hacia estrechos conductos llamados saetillos. Por ellos, el agua alcanzaba alta velocidad y hacía girar el rodeznos o rodete, activando el resto del engranaje para moler el grano. Todo este proceso se conoce con el nombre de molienda por represa.

*Página siguiente:*
**Alzados del Molino de Mareas el Caño, de arriba abajo: según los planos originales, antes de la intervención y una vez realizada la rehabilitación.**

La cimentación del terreno, dada su naturaleza fangosa, se resolvía mediante la hinca de pilotes de madera. Si bien la arquitectura exterior podía variar entre unos molinos y otros, la parte inferior mantenía una disposición común. Esta

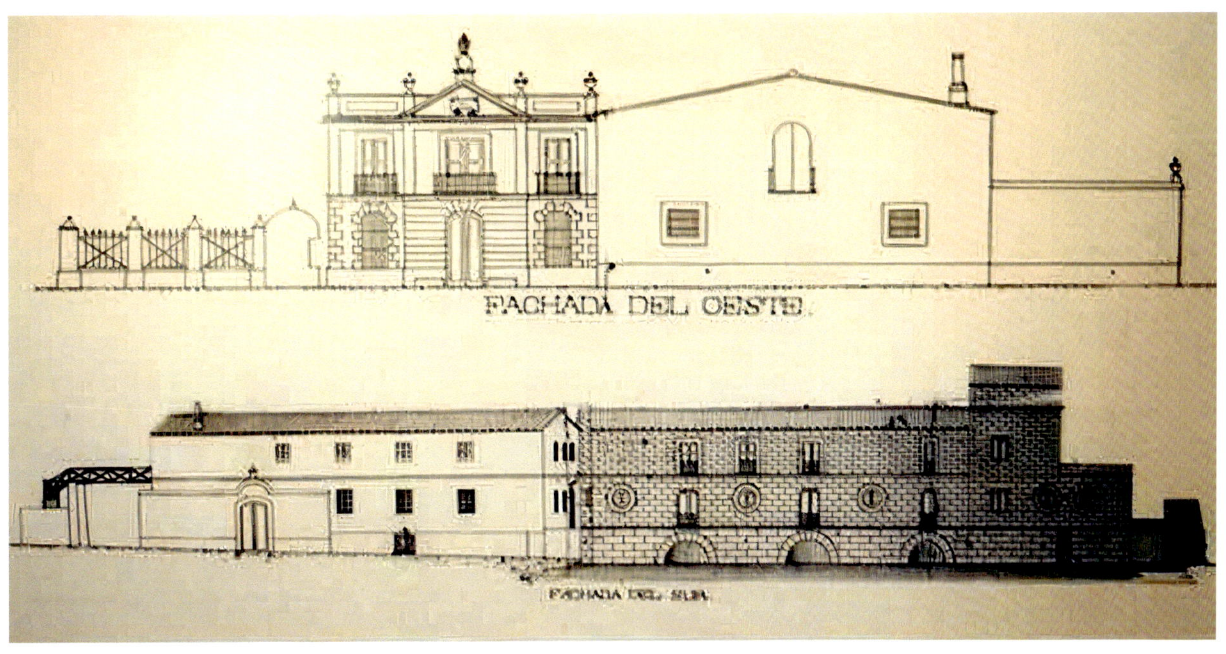
FACHADA DEL OESTE
FACHADA DEL SUR

base hidráulica incluía, por una parte, los cárcavos o bóvedas, donde se alojaban las piezas denominadas rodeznos o rodetes, y por otra, los arcos o canales, que permitían el paso del agua durante la pleamar. El proceso de molturación del cereal se realizaba en la sala de molienda, situada en la planta superior. Allí se ubicaban las piedras o muelas. El grano descendía hacia la muela, y el movimiento de la muela volandera —pieza móvil situada en la parte superior— sobre la muela solera o rueda fija provocaba la trituración del cereal y la formación de la harina, que finalmente caía a un depósito denominado panera.

La bahía de Cádiz —que abarca las poblaciones de Rota, El Puerto de Santa María, Puerto Real, San Fernando y Cádiz— se caracteriza por la abundancia de caños y esteros, así como por su marcado régimen intermareal, con pronunciadas oscilaciones entre la pleamar y la bajamar. Este fenómeno favoreció, sin lugar a dudas, la generalización de los molinos de marea, que se construyeron en distintos puntos de la rada gaditana, especialmente durante la época de la Ilustración. La mayoría de ellos pertenecían a comerciantes acaudalados, vinculados al comercio con las colonias de ultramar, que veían en estos ingenios una inversión rentable y un símbolo de prestigio.

La historia del molino de El Caño comienza a finales del siglo XVIII y puede rastrearse por las solicitudes presentadas ante el cabildo municipal de El Puerto de Santa María, conservadas en el archivo histórico municipal de la ciudad. El 6 de junio de 1778, Pedro Franco de Saval, de nacionalidad francesa, propuso al ayuntamiento la construcción de uno o varios molinos de agua en el denominado río Nuevo —probablemente el Caño de la Madre Vieja— con el fin de abastecer de harina a la población portuense. Su petición fue examinada por una comisión municipal creada al efecto, la cual debía estudiar también otras tres solicitudes presentadas por distintos ciudadanos.

Tras veintidós años de trámites, conflictos y comisiones, se resolvió conceder permiso al señor Uría para levantar el molino en un caño entonces en desuso que corría el riesgo de cegarse por completo si no se realizaban labores de limpieza del fango. El 8 de agosto de 1800, el ayuntamiento otorgó formalmente a Juan José Uría Guerrea la concesión del Caño de la Madre Vieja para la construcción de un molino harinero. Sin embargo, las obras no comenzarían hasta 1814, retrasadas por la propia demora del concesionario, las consecuencias de la guerra de la Independencia, la aparición de nuevos solicitantes y las disputas entre los promotores y el consistorio. Tras innumerables vicisitudes, el molino mareal inició finalmente su actividad en torno al año 1819, convirtiéndose en el único en funcionamiento dentro del término municipal de El Puerto de Santa María.

En 1871, su propietario era José Elizondo, según consta en la Guía Rosetty de Cádiz, que lo describe del siguiente modo: "Un molino en extramuros con motor de aguas por represas con ocho piedras". Posteriormente, en 1886, pasó a manos de Antonio López González, y tres años más tarde, en 1889, pertenecía a Francisco Puente, dueño a su vez de un molino de vapor en la misma ciudad. Con el tiempo, el Molino del Caño cayó en desuso ante la creciente competencia de las máquinas de vapor, en pleno apogeo de la Revolución Industrial. El propio Caño de la Madre Vieja fue cegándose paulatinamente, al no realizarse las labores de limpieza necesarias para mantener su cauce operativo. Poco a poco, se fue olvidando que, a espaldas de la estación de ferrocarriles, había existido un ingenio hidráulico que, durante décadas, desempeñó un papel esencial en el abastecimiento de pan para la ciudad de El Puerto de Santa María.

## Murallas, de elemento defensivo a icono urbano

Cádiz medieval era una ciudad fortificada por el rey Alfonso X el Sabio. El recinto amurallado de aquella época contaba únicamente con tres lienzos, ya que la defensa del cuarto lado quedaba asegurada por el acantilado que se abría directamente al mar. La construcción del perímetro completo de muralla comenzó en 1598, apenas dos años después del saqueo de la ciudad por las tropas inglesas. Tras aquel asalto y ante el desbordamiento de la ciudad medieval, las murallas fueron ampliándose en sucesivas fases a lo largo de los siglos XVI al XIX.

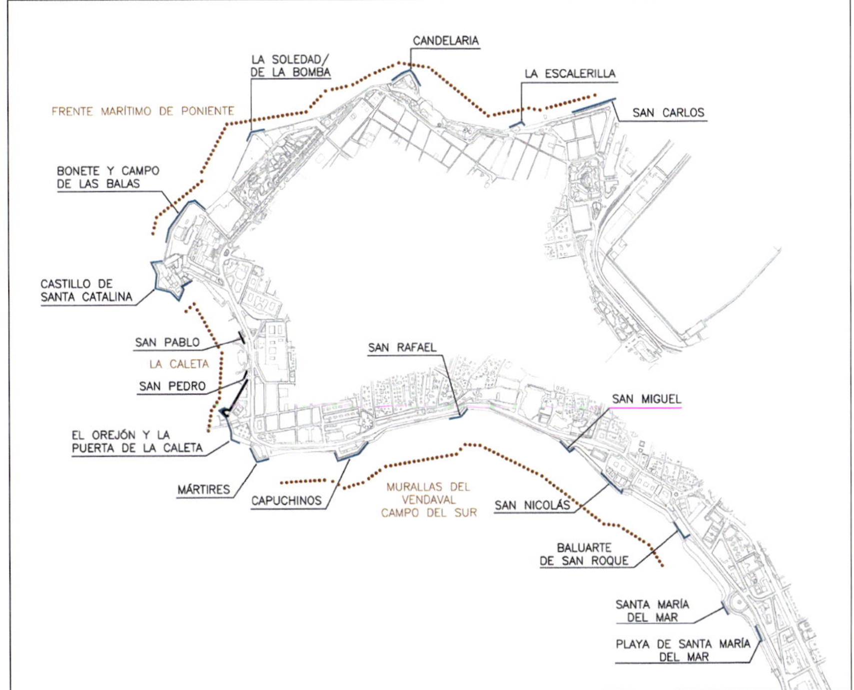


**Esquema en planta de las fortificaciones de la muralla de Cádiz. La estructura de las Murallas de Cádiz responde a un sistema de fuegos cruzados mediante castillos y baluartes. Desde el frente de Tierra y en sentido horario, los elementos del recinto fortificado de Cádiz son los reflejados en la figura.**

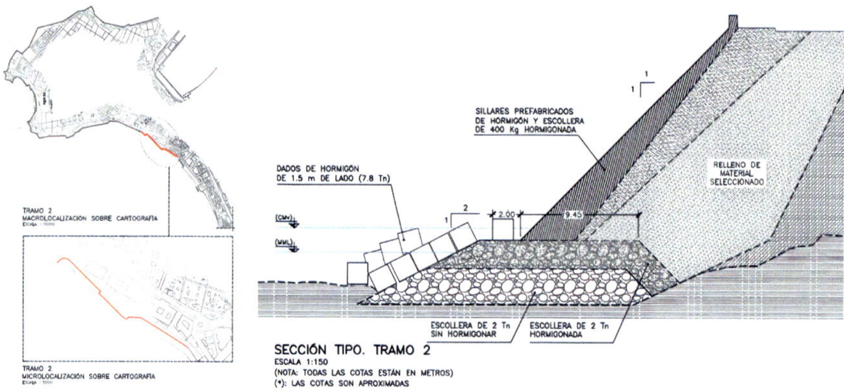


El proyecto para cerrar la ciudad por sus cuatro frentes se inició en 1727, año en que se constituyó la Real Junta de Fortificaciones, quedando entonces la ciudad histórica separada del istmo que la unía a la isla de San Fernando mediante el llamado Frente de Tierra o Puerta de Tierra. Con estas obras, la fortificación del casco histórico puede considerarse completa durante el siglo XVIII. Ya en el siglo XIX, con motivo de la invasión francesa, se hizo necesario extender aún más el perímetro amurallado, construyéndose en la zona hoy conocida como Cortadura las murallas de la Cortadura de San Fernando, que todavía existen y cierran el acceso a la ciudad contemporánea.

El Frente Sur fue la zona que mayores dificultades presentó durante su ejecución. Existen referencias a numerosos derrumbes y paralizaciones de las obras

Croquis de ubicación y solución propuesta para la sección del tramo del Baluarte de San Roque a san Miguel. Mejora de la cimentación y estabilidad general mediante ampliación de la cimentación directa sobre bloques de escollera.

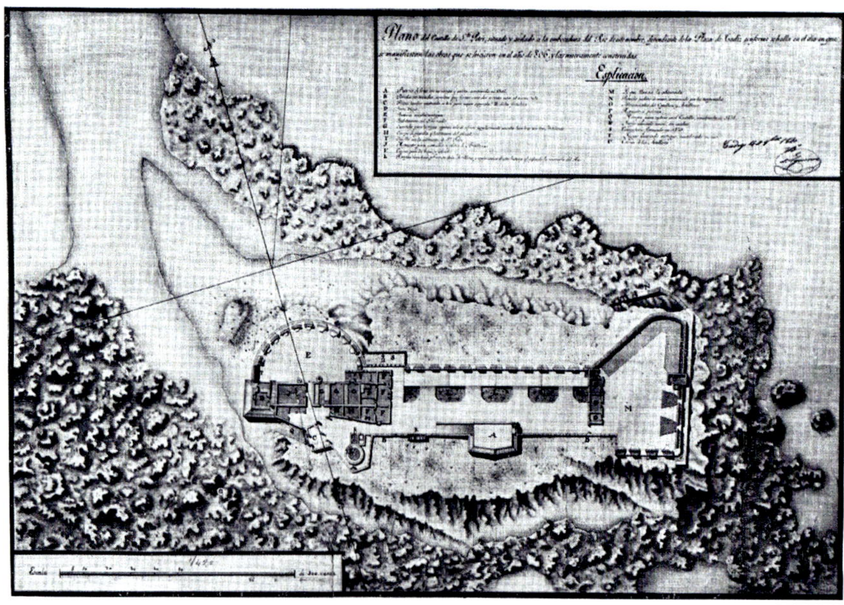

Grabado donde se recoge la planta con los usos del Castillo de Sancti-Petri en 1806. Esta ha sido la básicamente la configuración elegida a recuperar durante la rehabilitación integral, por ser la última que protagonizó un papel relevante en la historia de España.

en distintas fechas —1719, 1723, 1747 y 1765—. El proyecto de 1791 contempló la finalización de este sector, aunque en 1792 se produjeron nuevos desprendimientos provocados por la fuerza del mar. Durante todo el siglo XIX y la primera mitad del XX, los derrumbes y las reparaciones fueron constantes, reflejo de la lucha incesante entre la estructura defensiva y el oleaje atlántico.

En el extremo más occidental del sistema defensivo se alza el Castillo de San Sebastián, que desempeñó un papel complementario al del Castillo de Sancti Petri en la protección marítima de la ciudad. Situado al final del istmo que se adentra en el océano por la playa de La Caleta, el castillo domina el horizonte urbano y constituye el contrapeso de las fortificaciones del frente exterior de la bahía. Su origen se remonta al siglo XV, cuando en el mismo emplazamiento existía una torre almenara sobre el arrecife, utilizada como punto de vigilancia. En 1706 se levantó sobre sus restos una fortaleza artillera, completada a mediados del siglo XVIII con la construcción del faro, símbolo y vigía de la ciudad. Durante la guerra de la Independencia, el castillo fue pieza clave en la defensa de Cádiz frente a las tropas napoleónicas, y en los siglos posteriores continuó siendo punto de control militar y marítimo.

El edificio se asienta sobre una lengua rocosa muy expuesta a la acción del mar, lo que ha provocado un deterioro progresivo de sus fábricas de piedra ostionera, especialmente en las zonas bajas, donde la humedad y la sal han causado la disgregación del material y la pérdida de aristas. La socavación del sustrato rocoso y la erosión continua del oleaje han hecho necesaria una vigilancia constante y numerosas operaciones de reparación. Las intervenciones recientes han seguido los mismos criterios aplicados en el resto del litoral gaditano: consolidar sin reconstruir, reforzar únicamente los elementos indispensables, emplear morteros de cal compatibles con la piedra original y mejorar los sistemas de drenaje para evitar la acumulación de agua en los muros.

Asimismo, se recuperó la pasarela de acceso que conecta el castillo con la ciudad, adaptándola a un uso peatonal que permite la visita pública y la comprensión paisajística del conjunto sin comprometer su integridad estructural. El Castillo de San Sebastián se ha consolidado, así, como un ejemplo paradigmático de integración entre uso contemporáneo y conservación patrimonial, manteniendo su carácter simbólico como defensa del extremo urbano y mirador privilegiado sobre la bahía. Su restauración, junto con la del resto de las murallas, ha contribuido decisivamente a reforzar la identidad marítima de Cádiz, devolviendo a la ciudad el diálogo histórico entre sus piedras y el mar.

A mediados del siglo XIX se consideraba que el sistema de fortificaciones estaba ya plenamente consolidado, aunque comenzaba a perder su función militar y estratégica. En este periodo se produjo el cambio de uso de la muralla, cuya coronación se transformó en un paseo urbano, incorporándose progresivamente a la vida cotidiana de la ciudad. Finalmente, a comienzos del siglo XX, el desarrollo urbano y las nuevas necesidades de expansión condujeron a demoliciones parciales de varios tramos: la muralla del Frente Portuario (1902), la Puerta de Tierra y el Baluarte de San Roque (1906).

## El Real Carenero y el puente del Zuazo

El origen del Sitio Histórico Puente Suazo y Fortificaciones Anejas es el propio Puente Suazo. El puente tiene una historia larga, que parece comenzar con los cartagineses; las fortificaciones anejas y el Real Carenero tienen, por el contrario, una historia más modesta, que arranca en el siglo XVI.

Es la importancia que fue adquiriendo el puerto gaditano durante este siglo XVI lo que favoreció una nueva reconstrucción del puente y la nueva construcción de unos astilleros para la carena de barcos. Por documentos de Simancas sabemos que el carenero tiene su origen en la petición que hizo Antonio de Ledesma el 14 de noviembre de 1562 para construir a sus expensas dos muelles y almacenes para la carena de barcos. Tal vez se aprovecharon restos de las construcciones antiguas para estos nuevos muelles del Carenero.

Debido al trasiego de barcos que iban y venían de América el carenero y el puente debieron tener una actividad constante hasta el traslado de la Casa de la Contratación de Sevilla a Cádiz, momento en que también se traslada el Departamento Marítimo de Cádiz a la isla de León. En estos momentos se comienza a fortificar el puente Suazo con la construcción de sus dos cabezas (Caballero Suazo y baterías de Santiago y la Concepción) y la batería de San Pedro. Durante el siglo XVIII, la isla experimenta un auge económico importante con la construcción de la Población Naval de San Carlos, el Arsenal de la Carraca y el Observatorio Astronómico, lo que provoca la segregación de Cádiz en 1766. El asentamiento de instalaciones militares en el término municipal de San Fernando y su condición de paso para las mercancías del puerto de Cádiz obligan a fortificar nuevamente el puente Suazo, construyéndose las baterías de San Pablo y San Ignacio. En el siglo XIX, con el estallido de la guerra de la Independencia, el Consejo de Regencia se instala

Alzado rehabilitado del Real Carenero en Puerto Real. Recuperación de las puertas de madera, puerta principal y las fábricas y enlucidos tal y como estaban a principios del siglo XIX.

en la isla, después de haber huido de Aranjuez y Sevilla. Esta decisión obligó a mejorar la defensa de la villa, por lo que se fortifica toda su línea costera, haciendo hincapié en el puente Suazo, única entrada por tierra a la isla y Cádiz.

Acabado el asedio a la isla de León, tanto el puente como su fortificación dejan de ser un lugar estratégico para la defensa de San Fernando, convirtiéndose en un lugar estratégico para la comunicación de la bahía de Cádiz. Desde entonces, la presión ejercida por la antigua Carretera Nacional Madrid-Cádiz ha transformado notablemente el Sitio Histórico.

## Condicionantes y criterios de intervención

Saber identificar cuáles son realmente las condiciones que pueden y deben guiar el proyecto en estos bienes tan singulares se antoja como una tarea fundamental que permita fijar los criterios de la intervención. En este caso, el carácter singular de los monumentos anteriormente descritos, las innumerables y no siempre afortunadas intervenciones previas, el entorno marino especialmente agresivo, el difícil acceso (especialmente complejo en el castillo), su emplazamiento en entornos ambientales protegidos, sumado a los habituales condicionantes de toda intervención —económicos, de plazo, etc.—, obligó a la realización de una gran cantidad de estudios previos específicos y que fueron fundamentales a la hora de contextualizar la intervención (climáticos, ambientales, materiales, dinámica del litoral, oleaje, estructuras, geológicos, etc.) recogidos en los diferentes documentos técnicos.

La acción combinada del oleaje, los vientos dominantes y la salinidad del aire fueron determinantes en todos los casos, condicionando la elección de materiales y sistemas constructivos tanto en el Castillo de Sancti Petri como en el

**Reconstrucciones en la puerta norte del castillo de Sancti Petri. Las zonas reconstruidas debían distinguirse claramente de las originales, ya fuera mediante diferencias en el diseño, en los materiales o en el acabado superficial, de modo que la época de intervención quedara documentada y se evitaran falsos históricos. Para ello se recurrió a la variación de texturas y acabados —piedra vista, distintos tipos de enlucido, rejuntados diferenciados, etc.—. Los enlucidos antiguos se integraron con los nuevos, pero manteniendo siempre una sutil distinción entre ambos para preservar la lectura histórica.**

Reconstrucciones planteadas para las construcciones anexas del Real Carenero. Se permitió la reconstrucción de elementos únicamente en aquellos casos donde se conocía con certeza su disposición y configuración original. En este sentido, las reconstrucciones realizadas durante la intervención debían ceder siempre el protagonismo a las zonas y materiales auténticos del monumento, priorizando su conservación frente a la reposición formal.

de San Sebastián y en las murallas del frente marítimo. Además, muchos de los bienes se encuentran ubicados en el Parque Natural Bahía de Cádiz y, por lo tanto, sujetos a la legislación que regula el ámbito territorial del Parque Natural.

En todos los casos se optó deliberadamente por no limitar la actuación a la musealización de la ruina. Por el contrario, se estableció como hilo conductor de la intervención la búsqueda de un nuevo uso, generalmente vinculado al turismo cultural, que dotara a los bienes de unas instalaciones mínimas pero suficientes para garantizar su mantenimiento y asegurar su sostenibilidad futura.

Las actuaciones proyectadas se centraron, por tanto, en eliminar los usos inadecuados, detener el proceso de degradación del entorno natural adyacente y promover la dinamización ordenada de las actividades culturales y turísticas. Todo ello se alineaba directamente con los objetivos del Plan de Ordenación del Territorio de la Bahía de Cádiz y con las directrices del Plan de Ordenación de los Recursos Naturales y Plan Rector de Usos y Gestión del Parque Natural de la Bahía de Cádiz

Se evitaron las reconstrucciones innecesarias, actuando únicamente allí donde era imprescindible para garantizar la conservación y detener los procesos de deterioro estructural o ambiental. Así, por ejemplo, se reconstruyeron los muros de protección marina indispensables para la supervivencia del castillo, o los zócalos de protección en la base de las murallas, reforzados incluso mediante escollera. También se recuperaron algunos muros interiores en el castillo o en el Real Carenero, considerados necesarios tanto para la estabilidad del conjunto edificatorio como para su nuevo uso funcional.

En todo el proceso se procuró preservar no solo el elemento material, sino también el entorno y el ambiente que permiten su comprensión y dotan al monumento de significado. Se valoró especialmente que los tratamientos aplicados fueran reversibles, de modo que, en caso necesario, pudieran ser sustituidos o modificados sin alterar la integridad del bien. Por esta razón, las operaciones de limpieza —irreversibles por naturaleza— se ejecutaron con el máximo respeto, orientadas exclusivamente a eliminar elementos ajenos o dañinos, evitando transformaciones excesivas que desvirtuaran la apariencia actual del conjunto o borraran pátinas históricas valiosas para su interpretación.

Los materiales desprendidos o deteriorados que fue necesario reemplazar se reutilizaron siempre que resultó posible, bien como piezas de reposición o bien como árido o componente de morteros de cal empleados como ligantes en los trabajos de restauración. En general, se realizó un esfuerzo notable por emplear materiales tradicionales —morteros de cal natural, piedra ostionera, ladrillos macizos y madera tratada—, adaptándolos a las exigencias de durabilidad propias del entorno marino.

Finalmente, conviene destacar que el único elemento nuevo y ajeno a los monumentos incorporado durante estas actuaciones fue el embarcadero del Castillo de Sancti Petri, ejecutado en hormigón armado. Esta pieza contemporánea, proyectada para facilitar el acceso y el mantenimiento, se concibió como una intervención funcional y claramente diferenciada, sin mimetismos formales, coherente con la filosofía de respetar y hacer legible cada época constructiva.

## La intervención en el medio físico y en el patrimonio construido

En todas estas obras, la rehabilitación y puesta en valor no se ha limitado al monumento en sí, sino que ha abarcado también su entorno inmediato. Como ya se ha anticipado, la especial localización de estos bienes obligó a desarrollar una serie de actuaciones de protección y recuperación ambiental, tanto de la flora como de la fauna del entorno. De hecho, observadas con cierta perspectiva, las intervenciones llevadas a cabo pueden considerarse, más que simples restauraciones monumentales, proyectos de recuperación ambiental.

La intervención en el medio físico se ha basado fundamentalmente en la limpieza general del área de actuación, la recuperación de los fosos defensivos mediante la excavación de los caños mareales —en el Molino o en el Real Carenero—, así como en el restablecimiento de los procesos y funciones ecológicas, y de las interacciones bióticas y abióticas, con el objetivo de regenerar un ecosistema que se encontraba muy degradado.

En general, las condiciones ambientales previas a la ejecución de las obras distaban mucho de ser idóneas, debido al abandono progresivo de los bienes y a la presencia de infraestructuras y edificaciones incompatibles con su valor patrimonial. Entre ellas cabe citar talleres e infraviviendas en el Real Carenero o concesiones de limpieza y almacenes en el Molino. Todo ello confería a los emplazamientos un aspecto fragmentado y degradado, con una fuerte acumulación de residuos y materiales impropios que alteraban tanto la percepción del conjunto como su equilibrio ambiental.

Durante las obras del Castillo de Sancti Petri fue necesario proteger y trasladar varios nidos de gaviotas localizados sobre la propia estructura del monumento.

Vista aérea del puente del Zuazo, Real Carenero, baterías defensivas y su entorno durante las obras rehabilitación. En la parte derecha de la imagen se puede ver el esfuerzo que se hizo por recuperar el régimen hidráulico de los caños mareales que se encontraban colmatados sin apenas conexión con el Atlántico.

Durante su periodo de anidamiento, entre los meses de mayo y junio, estas aves se mostraron especialmente agresivas en la defensa de su territorio. Asimismo, en el mismo emplazamiento se identificó la presencia del *Cynomorium coccineum*, una especie incluida en el apartado de "vulnerable" del *Libro rojo de la flora silvestre amenazada de Andalucía*, cuya protección resultaba obligatoria. El *Cynomorium* no destaca precisamente por su belleza: se trata de una planta parásita, cuyas raíces se entrelazan con las de otras especies de las que obtiene nutrientes, y que solo aflora entre los meses de marzo y mayo, lo que dificultó su localización. A pesar de las antipatías que su aspecto suscitaba, hubo de ser protegida y, en algunos casos, trasplantada cuidadosamente a otras zonas del islote.

En los caños y marismas que rodeaban al molino y al puente del Zuazo, además de la limpieza general, se procedió a preservar y potenciar la vegetación halófita autóctona, propia de los ecosistemas litorales de la bahía de Cádiz. Entre las especies favorecidas se incluyen *Sarcocornia perennis*, *Sarcocornia fruticosa*, *Halimione portulacoides*, *Inula crithmoides*, *Arthrocnemum macrostachyum*, *Salsola vermiculata*, *Limoniastrum monopetalum* y *Cistanche phelypaea subsp. phelypaea*, entre otras. El resto de la vegetación, compuesta principalmente por pastizales de especies ruderales, también fue respetada, en la medida en que contribuía al equilibrio natural del entorno.

Las marismas y los caños conforman un régimen hidráulico complejo, estrechamente conectado con el Atlántico, que fue mejorado gracias a la corrección de los procesos de colmatación que impedían la llegada del agua a las zonas de marisma natural y a las antiguas estructuras salineras existentes. La restauración de esta dinámica hídrica permitió recuperar parcialmente la funcionalidad ecológica del sistema.

Por último, aunque las expectativas iniciales apuntaban a posibles hallazgos arqueológicos de relevancia, los resultados fueron modestos. No se detectaron restos significativos en ninguno de los emplazamientos. En cambio, en el castillo se encontraron antiguos proyectiles de la primera mitad del siglo XX que requirieron la intervención de la Guardia Civil para su identificación, catalogación y retirada en condiciones de seguridad.

**Vista aérea del Castillo una vez realizadas las tareas de limpieza y señalización mediante balizamiento naranja de las zonas ambientalmente protegidas por la presencia del Cynomorium coccineum, especie parásita y vulnerable según el Libro rojo de la flora silvestre amenazada de Andalucía.**

Aspecto del interior del Molino de Mareas el Caño, una vez finalizada la rehabilitación. Junto con la regeneración y consolidación de todas las fábricas destacan la nueva cubierta metálica y la entreplanta también ejecutada en estructura metálica. Posteriormente se ha realizado una nueva adaptación del interior muy respetuosa con la intervención para adecuar el Bien a su nuevo uso como restaurante.

En cuanto a los bienes propiamente dichos, el primer paso en todas las intervenciones consistió en definir con precisión la fisonomía y la arquitectura a recuperar en cada caso. En el caso del Castillo de Sancti Petri, probablemente el monumento que generó mayor debate debido a la multiplicidad de fases constructivas y a los numerosos usos que había conocido a lo largo de su historia, se decidió finalmente recuperar su planta y alzados de finales del siglo XVIII, al ser estos los mejor documentados —se conservan planos originales de esa época— y, además, los que mejor se adaptaban a los usos futuros previstos para el conjunto.

En el caso del molino de mareas se decidió recuperar su fisonomía exterior original, correspondiente a 1819. Sin embargo, en el interior no se restituyeron los rodeznos, las piedras de molienda ni ninguna otra maquinaria de la antigua industria. El molino se dejó vacío, previendo un uso futuro aún incierto pero sospechado.

En el Real Carenero tampoco existieron dudas ni debates relevantes: el criterio fue dirigirse directamente a la recuperación de las baterías y edificios originales, eliminando añadidos posteriores. Por último, en el caso de las murallas de Cádiz, cuya fisonomía ha ido transformándose a lo largo de su historia, adaptándose tanto a los cambios urbanos como a la acción del oleaje, se optó por conservar lo existente en cada tramo, modificando únicamente su geometría donde fue necesario para mejorar su respuesta estructural frente al mar.

En algunas ocasiones fue necesario reconstruir elementos indispensables para garantizar la estabilidad de muros que habían quedado en equilibrio inestable. La recuperación de estas partes conllevó la reconstrucción y cosido de piezas, el rejuntado con morteros de cal de diferentes dosificaciones y la inyección selectiva, a baja presión, de lechadas de cal en los huecos y grietas.

Otro aspecto relevante fue el tratamiento de los pavimentos. En términos generales, se procuró recuperar los existentes, reparando los deteriorados siempre que fue posible y aplicando criterios de ejecución que permitieran distinguir claramente los elementos originales de los nuevos. Siendo autocríticos, reconocemos que este criterio ha derivado en ocasiones en soluciones algo rígidas, con dameros excesivamente respetuosos con lo existente, pero poco comprensibles o funcionales para el usuario actual. En determinadas zonas, además, se dispusieron pavimentos reversibles/desmontables, con el fin de facilitar futuras prospecciones arqueológicas si estas fueran necesarias.

De manera general, se recuperaron las cubiertas de las estancias según su tipología original, dotándolas de tratamientos protectores destinados a mejorar su comportamiento frente a la intemperie y prolongar su vida útil. La única excepción fue la cubierta del Molino de Mareas, donde se optó por una nueva estructura metálica con paneles, en sustitución de la existente, que era de uralita. Dado que no se conocía con exactitud cómo fue la cubierta original de madera, se prefirió emplear un material contemporáneo, señalando así la "novedad" de la intervención y evitando falsas reconstrucciones históricas.

La reconstrucción de los muros perimetrales del castillo y de las murallas perseguía un doble propósito: recuperar la fisonomía defensiva de los bienes y, al mismo tiempo, resistir la acción del oleaje. Para ello, se procedió a su redimensionamiento conforme a los criterios de cálculo actuales. Curiosamente, no fue necesario modificar su geometría externa; bastó con aumentar ligeramente los espesores y mejorar la calidad constructiva de las fábricas, manteniendo siempre su tipología tradicional de muros de mampostería.

**Diferente granularidad y porosidad en el acabado de los morteros de enlucido. De izquierda a derecha de menos poroso y más estucado a mayor porosidad.**

El tratamiento de los paramentos expuestos a los aerosoles marinos constituyó otro de los temas relevantes del proyecto. No hace falta insistir en la importancia que tienen en la zona los vientos de Levante y la presencia permanente de sales marinas. Por ello, la elección de los acabados y enlucidos no se concibió solo como una cuestión estética, sino también como una decisión técnica y duradera. En cambio, la variedad cromática de los revestimientos sí fue motivo de discusión más estética que técnica, y, como suele suceder en estos casos, nunca faltó quien quedara disconforme con la elección final. En aquellos paramentos construidos con sillería de piedra ostionera se optó por no aplicar enlucido, aun estando expuestos al ambiente marino, ya que sus prestaciones durables —con una porosidad poco sensible a la cristalización de sales— lo permitían.

Por último, cabe recordar la cuestión del nuevo atraque del Castillo de Sancti Petri, una de las demandas expresas del cliente. El objetivo era permitir el acceso mediante embarcación tanto para las futuras visitas como para las tareas de mantenimiento. La definición del tipo de embarcación y su operativa en función del régimen mareal fue relativamente sencilla, al tratarse de un aspecto técnico y operativo. Sin embargo, la decisión sobre la tipología estructural del embarcadero resultó más compleja. Finalmente, se mantuvo el criterio del equipo proyectista de emplear una tipología del siglo XXI, ejecutando un embarcadero en hormigón armado. La inexistencia previa —o al menos documentada— de un embarcadero en el lugar permitió justificar su carácter de elemento contemporáneo, construido con tecnología y materiales actuales, sin pretensión de mimetizarse con el monumento.

Vista de las obras del Castillo de Sancti-Petri en su momento crítico donde se puede apreciar lo limitado del espacio de actuación, especialmente en pleamar, la necesidad de espacios de acopios y el montaje de una grúa torre para poder posicionar los grandes sillares del muro sur.

Todas estas obras se componen de elementos construidos con fábricas de diversa naturaleza, maderas y otros materiales tradicionales. Se trata de materiales que, por desgracia, han desaparecido de la industria de la construcción contemporánea y, con ellos, parte del conocimiento y de la práctica necesarios para su correcta aplicación. Los elementos rehabilitados fueron ejecutados originalmente con técnicas constructivas artesanales de distintas épocas, que debían ser respetadas y comprendidas, empleando materiales compatibles y naturales para asegurar su conservación.

Dejando al margen la acción mecánica del oleaje, responsable de la socavación de la roca base y de los muros, los principales daños observados se encontraban asociados a la circulación del agua y a la presencia de humedades: ya fuera como vehículo de sales, como disolvente de fases minerales o por la levigación de la fracción arcillosa, según la composición de los materiales constituyentes. Las lesiones detectadas —pérdida de juntas, descementación de piezas, pérdida de sección, deplacación, eliminación de recubrimientos, redondeamiento de aristas, entre otras— guardaban relación directa con los focos de humedad identificados, y se debían principalmente a los siguientes procesos de deterioro: cristalización de sales, disolución y levigación de la fracción arcillosa y colonización biológica.

Los distintos materiales propuestos para la rehabilitación —morteros de diferentes clases, ladrillos, maderas antiguas, piedra ostionera en sillares de grandes dimensiones y piedra para solados— debían cumplir una serie de especificaciones técnicas exigentes, poco habituales en proyectos de esta naturaleza.

Para garantizarlo, fue necesario establecer un control riguroso tanto en origen como en obra. En origen, se realizaron inspecciones en canteras y puntos de suministro, ya que no existía suficiente material procedente de derribos o de otras ruinas reutilizables. Este control exhaustivo se justificaba por las especiales condiciones de exposición de los materiales. En el caso de los pétreos y cerámicos, se verificaron su estereotomía y composición mediante estudios petrográficos, identificando también sus parámetros cromáticos y acabados superficiales.

Estos estudios sirvieron además para documentar la restauración de cara a futuras intervenciones, clasificando y registrando cada tipo de material con una nomenclatura inequívoca que evitara cualquier duda en su interpretación posterior.

En cuanto a los morteros y materiales pétreos, se determinó su comportamiento durable mediante la caracterización de sus propiedades hídricas: absorción libre de agua, porosidad abierta y cerrada, resistencia a la cristalización de sales y a la abrasión, entre otras variables esenciales para su durabilidad en ambiente marino.

**La búsqueda de ostionera para la nueva confección de sillerías en la obra del Castillo de Sancti-Petri fue una odisea. La escasez de ostionera provenientes de derribos y la gran cantidad de roca necesaria para poder ejecutar las nuevas sillerías obligó a buscar canteras de roca similares. Finalmente se optó por una roca sedimentaria similar de una cantera de Hellín en Albacete que cumplía con los requisitos de porosidad resistencia y durabilidad. Vista del corte en cantera de los futuros sillares del muro sur del Castillo.**

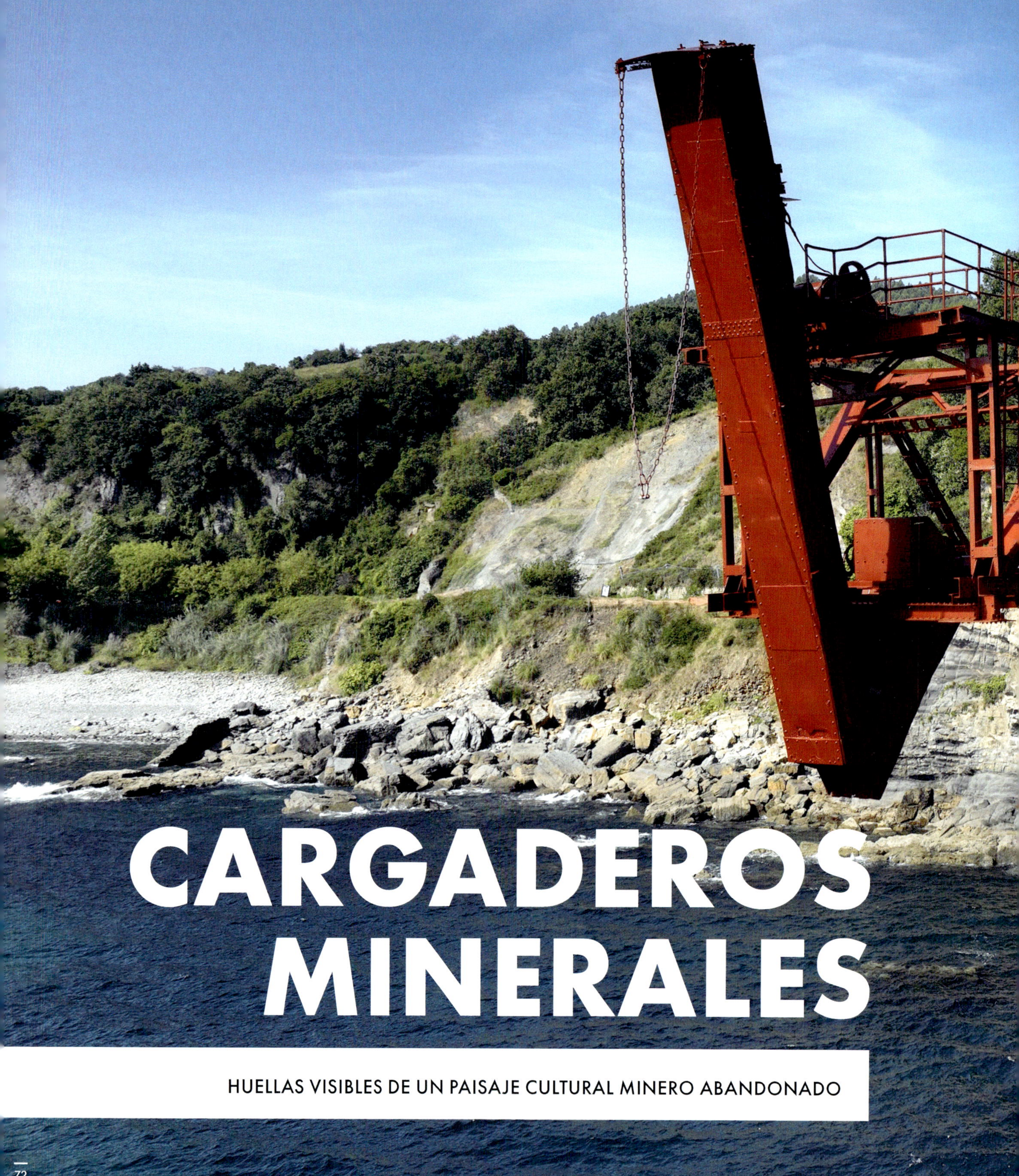

# CARGADEROS MINERALES

HUELLAS VISIBLES DE UN PAISAJE CULTURAL MINERO ABANDONADO

## HUELLAS VISIBLES DE UN PAISAJE CULTURAL MINERO ABANDONADO

*Página anterior:*
Vista desde el mar del cargadero de Dícido una vez rehabilitado.

Vista aérea del muelle de Tharsis antes de la rehabilitación. Tharsis es quizás el cargadero más grande y longevo de la geografía española. Tiene su inicio en 1867 y tras sufrir varias ampliaciones y peripecias cerro finalmente en 1996, casi 130 años de servicio continuado.

## Los últimos cargaderos minerales

Los cargaderos de mineral son huellas visibles de un paisaje cultural minero abandonado. La mayoría de los ejemplos que aún se conservan están actualmente amenazados, no solo por el deterioro físico, sino también por falta de apreciación de sus valores patrimoniales. Su ubicación estratégica, utilizada para el vertido del mineral en los barcos, implica que estas estructuras se sitúan generalmente en zonas abiertas al mar. Este es un entorno exigente, donde deben resistir temporales que afectan significativamente a su comportamiento estructural. El cese de la actividad minera ha provocado, en la mayoría de los casos, el abandono de estas instalaciones, dejándolas en un estado de grave deterioro y en riesgo de desaparecer.

La reciente rehabilitación de tres cargaderos de mineral, legado de la revolución industrial y parte esencial de nuestro patrimonio, ofrece la oportunidad

**de establecer una metodología de intervención aplicable a este tipo de estructuras. Esta metodología se fundamenta en el análisis de sus mecanismos resistentes y de su durabilidad, valorando además sus atributos patrimoniales.**

**El entorno en el que se ubican, junto con su uso pasado y las posibilidades de uso futuro, determinan las reglas del juego de la estrategia de intervención. La conservación de estos monumentos en un medio natural agresivo —aunque excepcional desde el punto de vista paisajístico— exige profundizar en los aspectos tecnológicos y constructivos que caracterizan a estas construcciones.**

## Cargaderos metálicos. Modernidad y símbolo de la industrialización

La definición de "cargadero" se relaciona directamente con el lugar o sitio destinado a la carga de mercancías y cosas que se transportan en puertos, aduanas, estaciones, minas, etc. Y por extensión nos dirige a la voz "muelle", de mayor amplitud, pero ya relacionado con el agua: "Todo dique, espigón o andén, construido en los puertos, rías y ríos, para contener el mar, resguardar el puerto, facilitar el embarco y desembarco de personas y mercancías, buscar calado para que puedan atracar los buques o defender las poblaciones y sus aledaños de las invasiones de las corrientes". J. Eugenio Ribera habla de los muelles metálicos como un "tipo" modernísimo, distinto a los que hasta ese momento se habían construido en los puertos, cuya característica principal es la explotación intensiva y verdaderamente industrial. Pues estos espigones metálicos conseguían, con poca superficie, una gran línea de frente y al dotarlos de "medios poderosos de trasbordo permiten un tráfico excepcional, muy superior al que suelen tener los muelles de fábrica".

En ocasiones, el valor funcional, racional y sincero de estas infraestructuras —que se materializan con volúmenes geométricos, severidad en las formas, con articulaciones regulares y ordenadas, con economía de medios— ha provocado un rechazo de su valor artístico, pese a que son las características propias de la llamada arquitectura/ingeniería del hierro. Si pensamos tanto en una industria como en un puente, una estación, un faro, un mercado, un depósito, un muelle, podemos observar que sus características se rigen por tres nuevos factores de la era mecánica, factores que surgen de la ciencia, de la industria y del mercado.

Las nuevas estructuras que se proyectan están pensadas para un fin concreto, adecuándose de una forma mucho más específica. En segundo lugar, en el

contexto de revolución industrial, se da importancia a los conceptos de economía, intercambiabilidad, compatibilidad, facilidad de servicio y precisión en el tiempo. Esto supone la aparición de la prefabricación, estandarización y ensamblaje. Finalmente, la construcción industrial de esta época se ve influida por el mercado, dando importancia a la cantidad frente a la posible calidad artesanal.

Fotografía antigua del cargadero de Águilas en Murcia en servicio. Una de las tolvas está en posición para descargar en el barco que todavía no ha llegado.

Con motivo del proyecto y construcción del puente metálico de Ribadesella, Ribera detalla los primeros muelles extranjeros realizados con este sistema: el muelle de Courtown (Irlanda) en 1847, primera aplicación hecha por el inventor Mitchell de sus pilotes de rosca; el dique rompeolas de Portland, empezado en 1847 por el ingeniero Rendel (Inglaterra), inaugurado en 1849; el muelle en la embocadura del Delaware (Estados Unidos); el muelle para la Turquía asiática, del año 1893, construido por la fábrica belga de Braise-Le-Comte; el embarcadero para la nueva colonia belga del Congo, de 1882; el muelle de Valparaíso (Chile), de 1890, construido por la fábrica belga de Braise-Le-Comte. Sobre España resalta que este sistema tiene numerosos y notables ejemplos realizados con diferentes usos: embarcaderos, diques de encauzamiento, cargaderos minerales, establecimientos balnearios (Gijón, Luanco, etc).

En España, la minería vivió un importante auge durante el último tercio del siglo XIX. A lo largo del litoral destacó la minería del hierro en la región de Vizcaya, junto a Castro Urdiales (Cantabria), con dos grandes explotaciones: Dícido y Setares. La extracción de hierro también prosperó en zonas interiores, como la mina de Alquife (Granada), cuyos minerales se exportaban a través del puerto de Almería. En paralelo, la minería del cobre alcanzó gran desarrollo en el estuario de Huelva, en Tharsis.

Todas estas explotaciones requerían amplias infraestructuras ferroviarias para transportar el mineral hasta los cargaderos, auténticos ejemplos de la llamada ingeniería o arquitectura del hierro. Estas construcciones destacan por su carácter funcional, expresado mediante volúmenes geométricos, formas sobrias, articulaciones regulares y una notable economía de medios.

Los cargaderos de Dícido, El Hornillo y Tharsis figuran entre los pocos ejemplos metálicos que aún se conservan en España. Su restauración resulta, por tanto, esencial, y debe abordarse desde el respeto a las características que los definen y a los principios de funcionalidad, racionalidad y estandarización que guiaron su concepción original.

Los antecedentes, las fuentes históricas, la investigación documental, el estudio estructural de los elementos a lo largo del tiempo, su estado actual y las posibilidades de uso constituyen preocupaciones esenciales al abordar la restauración y puesta en valor de estas estructuras metálicas. Todo ello debe realizarse conforme a las pautas y normativas sobre patrimonio cultural, y en particular sobre patrimonio industrial, establecidas en el Plan Nacional del Patrimonio Industrial, aprobado en 2001 y revisado por última vez en 2023.

Se trata de construcciones metálicas hoy obsoletas en nuestras costas y puertos, pero que fueron el eje de una intensa actividad constructiva, marítima, económica, empresarial y social durante la segunda mitad del siglo XIX y las primeras décadas del XX. Su conservación y aprovechamiento ofrecen múltiples posibilidades de gran interés: usos vinculados al ocio —como los antiguos embarcaderos y balnearios costeros—, así como fines turísticos, culturales o paisajísticos.

Fotografía del segundo cargadero de Dícido en operación. El barco de vapor está a la espera de que la tolva termine de descargar el mineral. A su lado es visible la estructura de celosía múltiple en cantiléver que fue volada durante la Guerra Civil.

## El caso de los cargaderos del muelle de Tharsis, de Dícido y del Hornillo

El análisis de los cargaderos o embarcaderos de mineral debe considerar la historia de la minería, el ferrocarril, el transporte marítimo y la actividad empresarial, así como su incidencia territorial y la configuración del paisaje industrial resultante.

Tinglados, diques, muelles de fábrica y metálicos, grúas fijas y móviles, diques flotantes, depósitos, buques con casco de hierro, ferrocarriles de vía estrecha, estaciones, faros, etc., poblaron a partir del siglo XIX los puertos, creando un nuevo y desafiante paisaje de hierro y vapor. Sobre todo, en aquellas regiones mineras que buscaban un medio para exportar mineral (cobre, hierro) más allá de nuestras fronteras marítimas, resolvieron este enlace intermodal con la construcción de muelles con estructura metálica. Los puertos de las costas del mar Cantábrico, del mar Mediterráneo, o del océano Atlántico, fueron el punto de enlace entre las explotaciones mineras españolas y su exportación vía marítima, y en ellos se construyeron numerosos muelles-cargaderos. Los trenes mineros debían llegar a una plataforma situada sobre un muelle que se adentraba en el mar buscando la profundidad suficiente para los barcos cargueros, cada vez de mayor eslora y calado. Los vagones cargados de mineral utilizaban el muelle como terminal ferroviaria, donde se llevaban a cabo las maniobras de carga y descarga. Esta innovación supuso eliminar las peligrosas maniobras de las barcazas que lo transportaban hasta los buques fondeados en altamar. Toda una historia social que ha sido recogida en numerosas investigaciones y que, como bien indicaba Ribera, el cambio llevaba a una explotación intensiva propia de la industrialización. Por ello, aquellas compañías como la inglesa Dicido Iron Ore Limited, que empezó a explotar el coto de Dícido en 1874, construyo un primer muelle metálico en 1886, pensando en la rentabilidad que proporcionaba.

**El muelle de Tharsis**. El muelle de la Tharsis Sulphur and Cooper Company Limited se encuentra ubicado en el puerto de Huelva, en la orilla derecha de la ría del Odiel, en el término municipal de Aljaraque (Huelva), junto al poblado minero de Corrales. Su función era embarcar el mineral en grandes buques cargueros adentrándose hasta alcanzar un calado suficiente para permitir este transbordo. El mineral procedía de las minas de Tharsis y la Zarza y era transportado hasta el final del embarcadero por la línea del ferrocarril de Tharsis a Río Odiel, creado para este fin entre 1867 y 1871. De un kilómetro de longitud, traza un arco hacia el sur.

Debemos destacar que el muelle de Tharsis es uno de los cargaderos más antiguos que conservamos en España, pese a las lógicas y múltiples reformas que, en su devenir histórico de algo más de 150 años, tuvieron que realizarse. Un legado patrimonial de enorme riqueza.

Su evolución constituye una historia larga y compleja, marcada por mejoras, ampliaciones, reformas, deterioros y demoliciones. Los comienzos no fueron sen-

Vista aérea del muelle de Tharsis al comienzo de las obras de reparación. Mas de 1 km de estructura serpenteante en la desembocadura del rio Odiel en Huelva.

cillos: se sucedieron varios proyectos para el ferrocarril y el muelle, hasta que el transporte de mineral se inició en 1871.

En 1915, la compañía encargó al ingeniero escocés *sir* William Arrol, del *consulting* de Glasgow Wiliam Arrol & Company Ltd., el diseño de un nuevo proyecto de embarcadero de mineral para hacer frente al incremento de producción y nuevas características de los buques, construyéndose un nuevo ramal, inaugurado el 12 de abril de 1923.Ya en el siglo XX, las noticias sobre el cargadero de Tharsis son de reformas y sustitución de vigas. En 1980 se autoriza el desmantelamiento del ramal primitivo en su parte final, fuera de servicio desde 1966, aunque restan los primeros tramos del embarcadero primitivo. La ampliación mantuvo sus servicios hasta 1993. El muelle se encontraba en 2020 muy deteriorado, llevando la peor parte la plataforma del embarcadero.

Su valor patrimonial resulta evidente por varios motivos. Destaca, en primer lugar, el modelo estructural primitivo empleado —una obra de primera generación—, concebido siguiendo las directrices del inventor de la rosca Mitchell y proyectista del muelle de Courtown en Irlanda. A ello se suma la permanencia de parte de su armadura metálica original y de sus huellas constructivas, testimonio del legado de la empresa Glasgow William Arrol & Company Ltd. También constituye un ejemplo representativo de las inversiones mineras extranjeras, principalmente inglesas y francesas, realizadas en España. Su ampliación fue llevada a cabo por una de las empresas de ingeniería civil más destacadas de la época. Finalmente, el conjunto se integra en un paisaje singular: un largo embarcadero serpenteante que define la ensenada como un espacio donde ingeniería, minería, producción, empresa y actividad técnica, social y económica se entrelazan.

**El cargadero de Dícido**. Fue construido por la sociedad The Dicido Iron Ore, que explotaba el coto de Dícido desde 1873. El primitivo muelle-embarcadero, cuyo proyecto fue presentado en ese mismo año por Juan Bailey Davier y J. R. Vizcarrondo, se trataba de un cargadero de primera generación, formado por una armadura de hierro sobre pilotes de rosca. Este proyecto no llegó a construirse hasta varios años después, inaugurándose en abril de 1886. Anteriormente el mineral era transportado al puerto por medio de carros, que descargaban en barcazas de las cuales se trasbordaba a los barcos. Al resultar caro, se sustituyó el sistema por un transbordador de cable que descargaba en un depósito, de donde se cargaban cestos que se colocaban en gabarras que los conducían a los barcos.

Esta instalación, que funcionó perfectamente durante ocho años y medio, fue destruida por un temporal, de excepcional violencia, que se desencadenó el 30 de diciembre de 1894.

En febrero de 1896 se inauguró el nuevo embarcadero. Una gran estructura metálica en cantiléver apoyada en una pila de mampostería anclada en la costa. Poseía dos pisos por donde circulaba el ferrocarril de cadena. Fue el segundo cargadero construido por la empresa inglesa. En agosto de 1929 la empresa sustituyó el ferrocarril de cadena del nivel superior por una cinta transportadora que se alimentaba de una gran tolva construida en la costa a través del ferrocarril de cadena. Esta instalación fue demolida mediante dinamita en la madrugada del 13 de agosto de 1937, en plena Guerra Civil en España.

En la actualidad se conserva el cantiléver construido en 1938, proyectado ya por ingenieros españoles, tiene una estructura similar al anterior, aunque dispone de un solo nivel servido con una cinta transportadora.

**El cargadero del Hornillo.** El embarcadero de minerales del Hornillo vuelve a ser el resultado de la explotación mineral de los británicos en suelo español. Es otro de los grandes ejemplos que se conservan con esta peculiaridad, tan habitual en aquel periodo.

**Vista del cargadero de Dícido desde la costa antes de la intervención. Una estructura "desnuda" en un muy mal estado de conservación.**

El Hornillo fue construido entre 1901 y 1903 en Águilas (Murcia) por la sociedad The Hornillo Company Limited para embarcar los minerales procedentes de las minas de Bacares y Seron (Almería). Con anterioridad The Great Southern of Spain Railway Company Limited, desde 1887, estaba dedicada a las explotaciones de ferrocarriles y minería, dirigida por Gustave Gillman. La compañía tuvo diferentes concesiones ferroviarias: Lorca-Águilas (1874), Murcia-Águilas (1876), Murcia-Granada (1885) y estación de Águilas al puerto (1894). La llegada al puerto de Águilas fue esencial para decidir una importante inversión para la exportación de mineral de hierro, desde las minas situadas en la sierra de Filabres, proyectando a la vez el cargadero del Hornillo.

Por Real Orden de 30 de enero de 1902 se concede la ampliación y reforma de la estación de Águilas, incluyendo el ramal a la bahía del Hornillo y sus depósitos a "los ferrocarriles de Lorca a Baza y Águilas" del denominado "ramal al Hornillo del ferrocarril de Águilas" siendo la compañía concesionaria de estas líneas The Great Southern Railway Company Limited, con sede social en Águilas y las oficinas principales en Londres. Hasta llegar a este momento, se propusieron dos proyectos diferentes. El primero, de 1887, era un embarcadero en altura para descargar desde ellos el mineral; el segundo proyecto fue aprobado el 7 de abril de 1891, era tipo muelle volante, de consola o cantiléver. Ninguno de los dos fue llevado a cabo.

El muelle tiene 168 metros de longitud total. Está compuesto de una plataforma con dos vías para las vagonetas. Posteriormente se añadió una tercera vía central para facilitar las maniobras, que se auxiliaban con un carro transbordador situado en el extremo del muelle.

Fotografía del cargadero de El Hornillo en Águilas cuando estaba en uso. Se puede apreciar el mar en calma, situación habitual en una bahía protegida del mediterráneo.

Importante en el proceso industrial son los túneles de descarga, tres galerías con bóveda semicircular que preceden a la plataforma del embarcadero. Su finalidad era el almacenaje del mineral hasta la llegada de los buques. Desde estas galerías, por medio de toberas, descendía el mineral a las vagonetas, las cuales llevaban la mercancía por las vías del embarcadero hasta descargarla directamente a los barcos. Eran tres galerías, dos de 150 m de longitud y acceso ferroviario y una tercera de 200 m para deposito.

En 1973 se cierra oficialmente el cargadero, que no prestaba servicios desde tres años atrás. En el año 2000 es declarado Bien de Interés Cultural con categoría de Monumento por la Región de Murcia.

## Tipología, función y materiales de los cargaderos metálicos

El análisis inicial de los cargaderos, previo a cualquier intervención, precisa conocer sus características, su funcionamiento estructural, su tipología y materiales. Para un mejor conocimiento de estos, también es útil conocer qué condicionantes motivaron la elección de su tipología, condicionantes entre los que se encuentra su ubicación, las cargas que debían resistir, la disponibilidad de material y momento constructivo.

Nos encontramos con dos tipologías diferentes: el tipo palafítico y el cantiléver. El cargadero palafítico se compone de varias hileras de pilares metálicos, relativamente cercanos entre sí, sobre los que se construye un tablero. En el caso del cantiléver, el cargadero se forma mediante una viga de gran canto apoyada en un estribo en la costa y en una pila construida en el mar, a partir de la cual se prolonga en un voladizo de longitud igual o superior a la luz del primer vano. Dentro de las posibilidades existentes, se podrían haber construido muelles enteramente de fábrica, aunque se descarta en todos los casos por motivos económicos, recurriendo siempre a estructuras metálicas. También se podrían haber construido en madera, como se observa en una primera propuesta de cargadero para la bahía de Dícido, pero se descarta, para construirlo en acero, un material más moderno y resistente.

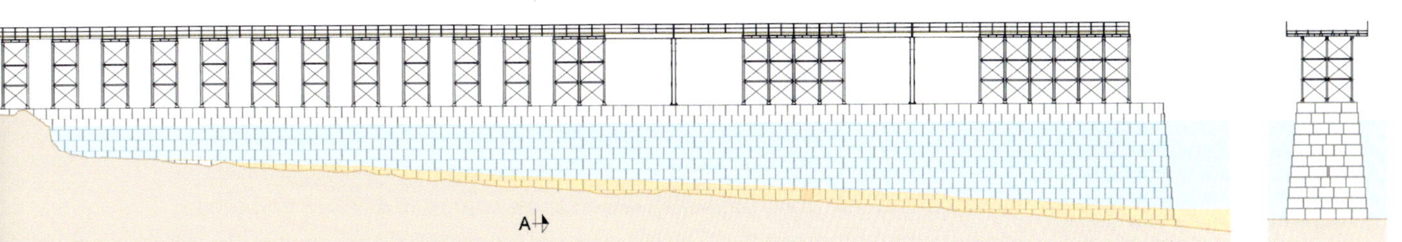


**Alzado y sección del cargadero de El Hornillo en Águilas. Estructura palafítica metálica que nace de un espigón ejecutado en hormigón ciclópeo que libra la carrera de marea.**

El sistema cantiléver, al separarse del mar y apoyarse en una única pila de fábrica, se ve menos afectado por los temporales, siendo más adecuado en aquellos casos que se encuentran menos resguardados y en mares con mayor oleaje. El empuje intenso del mar, con una tipología tipo palafítica, podría producir el vuelco y deterioro de los pilotes, como ya pasó con el primer cargadero de Dícido.

El primer ejemplo de esta tipología en la costa española fue el cargadero de Saltacaballo (o de Setares), construido en 1888 a un kilómetro de Dícido, y que sería replicado en los cargaderos de Dícido, San Guillén, Urdiales 1 y 2 y el Piquillo, en el municipio de Castro Urdiales, así como en otros municipios de la costa cantábrica.

Por otra parte, los cargaderos palafíticos son capaces de soportar mayores sobrecargas, al contar con luces menores y mayor número de pilares. Por tanto, es más conveniente para aquellos casos donde se requiera que los trenes que transportan el mineral entren en el cargadero, mientras que en los cargaderos cantiléver es preferible el transporte del mineral dentro del cargadero mediante vagonetas o cinta transportadora.

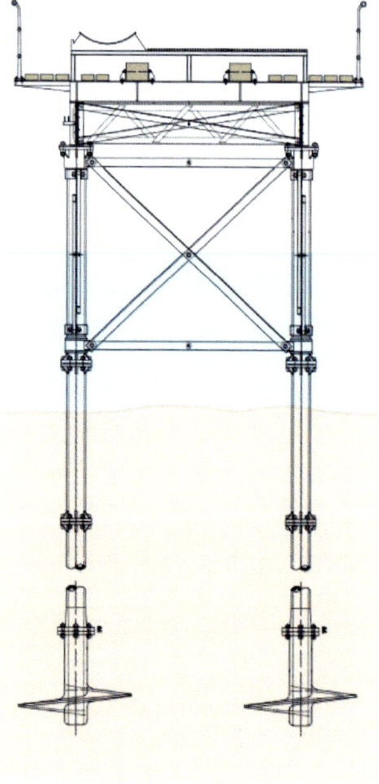


Sección del muelle de Tharsis. Esta sección es la del primer muelle ejecutado con pilotes de hélice inventados por Alexander Mitchell en 1838 y que tuvo una gran aplicación en este tipo de terreno con fangos.

El primero de los tres cargaderos en construirse fue el muelle de Tharsis, en 1871. Se ubica 18 km aguas arriba de la desembocadura del río Odiel en el océano Atlántico, en una zona protegida del oleaje, aunque sí afectada por mareas. Se construyó para cargar el mineral de las minas de Tharsis, a unos 40 km del cargadero, al que llegaban por ferrocarril. Por tanto, se daban las circunstancias ideales para la construcción de un cargadero de tipo palafítico. Se compone de un primer tramo de acceso por donde circulaban los trenes hasta alcanzar una zona con calado suficiente para los barcos, donde se ubicaba el muelle, de mayor anchura.

La zona de acceso del muelle de Tharsis se compone de dos hileras de pilas-pilote metálicos con punta de hélice, cada una de 10 o 20 pies (3048 y 6096 metros, respectivamente), sobre los que se apoyan vigas longitudinales biapoyadas. Las dos hileras se arriostran entre sí mediante cruces de San Andrés entre los pilotes y vigas trianguladas entre las vigas. Sobre las vigas longitudinales se apoya otro nivel de vigas en sentido transversal sobre las que se apoyan las vías del ferrocarril y el pavimento.

Al llegar a la zona de embarcadero van apareciendo nuevas alineaciones de pilas-pilote y vigas longitudinales. La zona de embarcadero que ha llegado a nuestros días se corresponde con la construida en 1923 para aumentar la capacidad de carga, aunque empleando la misma configuración que la existente.

El embarcadero de El Hornillo fue construido en 1903 en la bahía de El Hornillo, en Águilas, Murcia, en el mar Mediterráneo, para cargar el mineral procedente de la sierra de Almagrera. En un primer proyecto para el cargadero de El Hornillo se plantea realizar un cargadero tipo cantiléver, aunque finalmente se descarta por el gran peso de los trenes que llegaban hasta el embarcadero. Puesto que se encuentra en el mar Mediterráneo y en una bahía protegida, no existe un oleaje excesivo que impida la construcción de un cargadero de tipo palafítico, siendo esta la tipología empleada. En este caso, se construye una plataforma de escollera y bloques de hormigón prefabricados, hasta superar aproximadamente en un metro el nivel del mar. Sobre ella se levantan 39 pórticos metálicos paralelos, separados 12 pies (3658 metros), formados por 3 pilares y una viga continua, con dos vanos de 12 pies de luz y dos voladizos de 7,5 pies (2286 metros) a cada lado. Sobre las vigas se apoya un segundo nivel de vigas longitudinales que soportan las vías y el pavimento de madera. Los pilares del pórtico se arriostran mediante vigas horizontales y cruces de san Andrés, y los pórticos se arriostran dos a dos de la misma forma.

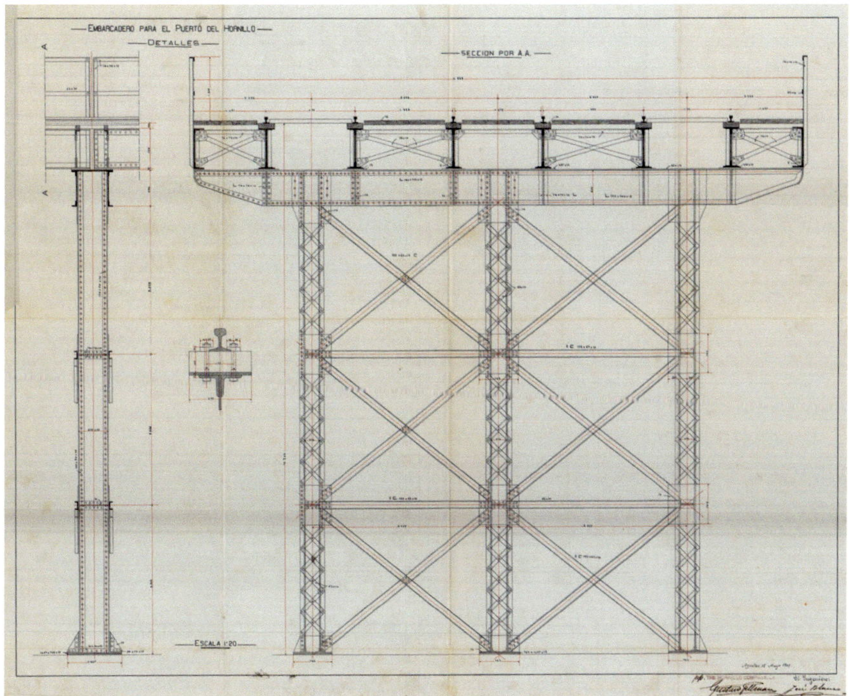


Sección del muelle del Hornillo en los pórticos principales. Se puede apreciar al pórtico transversal formado por 3 alienaciones de pilares fénix arriostrados en tres niveles horizontales y con cruces de san Andrés. Esta rigidización era necesaria ya que en la plataforma superior circulaban trenes fuertemente cargados.

El último de los tres cargaderos en construirse es el de Dícido, aunque previamente ya existía un cargadero en dicho emplazamiento. El cargadero se ubica junto a la playa de Dícido, en el mar Cantábrico, y tiene como función la carga del mineral que se extraía en el propio municipio y que llegaba hasta el cargadero en pequeños trenes de 0,75 metros de ancho de vía.

En el año 1886 se construye el primer embarcadero, de tipo palafítico, con tres hileras de pilas-pilote con punta helicoidal que soportaban un tablero metálico. En el año 1894 la estructura colapsó por un vendaval, lo que manifestó lo poco adecuada de esta tipología para este emplazamiento. Al llegar el mineral en pequeñas vagonetas, las sobrecargas que debía soportar eran relativamente pequeñas, por lo que se opta por construir un nuevo cargadero de tipo cantiléver. Aunque este cargadero fue demolido en la Guerra Civil española, la tipología se había demostrado valida, por lo que se reconstruye un nuevo cantiléver, aprovechando las estructuras de fábrica existentes, esta vez con una celosía tipo Warren, más moderna y adecuada.

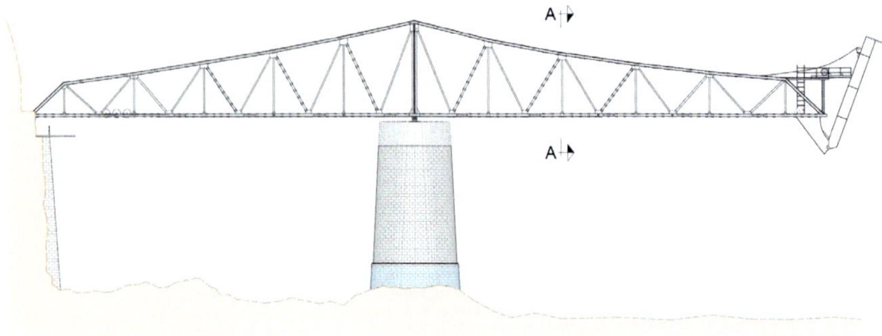


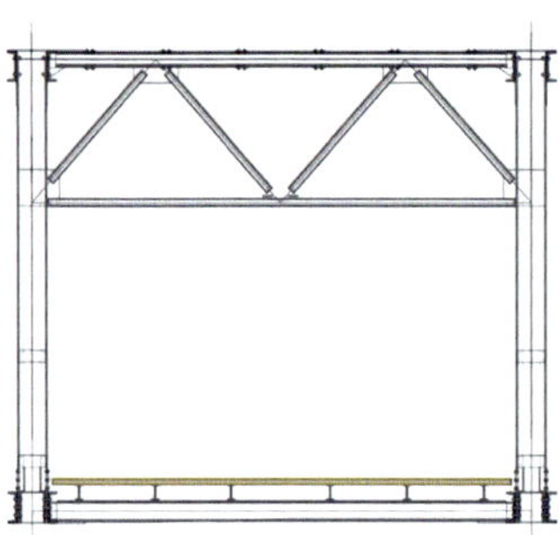

El tercer cargadero de Dícido, que es el que ha llegado a nuestros días, se compone de dos vigas paralelas de canto variable, de tipología Warren, arriostradas horizontalmente entre sí en el plano superior e inferior. El cargadero cuenta con un primer vano de 40,3 metros de luz y un voladizo de 47 metros. Estas vigas se apoyan en un estribo de fábrica construido sobre el acantilado y en una pila de fábrica de sillería de piedra arenisca local (correspondiente al segundo cargadero), con un recrecido de sillares de hormigón en masa.

Alzado y sección del tercer cargadero de Dícido que es el que ha llegado hasta nuestros dias. Estructura en cantiléver materializada por una celosía Warren con montantes ejecutada en los años finales de la década de 1930 por empresa española. El conocimiento de estas estructuras en esta época permite proyectar una estructura con un mecanismo estructural más claro y transparente.

En origen los tres cargaderos pertenecen a empresas británicas, lo que tiene reflejo en su construcción. Por ejemplo, las medidas de Tharsis, El Hornillo y el primer cargadero de Dícido están en múltiplos de pies anglosajones, y se emplean perfiles con secciones en pulgadas. Es más, al menos en el muelle de Tharsis y en El Hornillo, se sabe que el hierro proviene de fábricas británicas (inglesas y escocesas). Esto tampoco es de extrañar, pues las importaciones de hierro superaban la producción nacional en el siglo XIX.

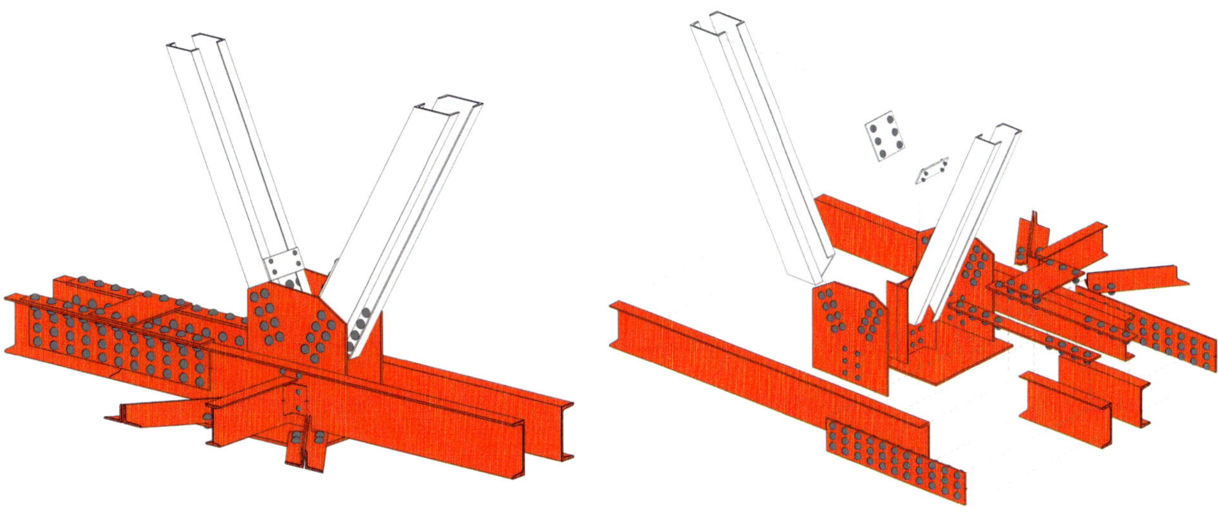

Es distinto el caso del cargadero de Dícido, propiedad de Altos Hornos de Vizcaya en el momento de la construcción del segundo y tercer cargadero. En este caso se emplea acero de producción propia y todas las dimensiones están en el sistema métrico decimal. A la hora de escoger los perfiles metálicos, en Tharsis y en El Hornillo, se emplean vigas con secciones doble T, conformadas por platabandas y angulares en las principales, y por perfiles laminados en las vigas secundarias.

En estos dos casos, los pilares verticales tienen sección circular. En Tharsis, se trata de pilas-pilote de fundición, realizados a tramos y atornillados entre sí. En el caso de El Hornillo se empleó un pilar tipo fénix, formado por cuatro piezas de acero laminado con forma de cuarto de circunferencia y dos alas que permitía la unión entre ellas.

En el caso del segundo cargadero de Dícido, primero del tipo cantiléver, las secciones también se conforman mediante chapas y angulares, para formar secciones en T o en doble T. Sin embargo, en el tercer cargadero de Dícido se emplean secciones formadas por dos perfiles laminados en U empresillados en cajón abierto, con platabandas en aquellos tramos con mayores esfuerzos.

En todos los casos, los perfiles y chapas se unen mediante roblones y los nudos se materializan mediante platabandas, con esquemas similares al representado en la figura del detalle del modelo del nudo del tercer cargadero de Dícido.

**Detalle del modelo tridimensional de un nudo del cargadero de Dícido en el que se representan todos los elementos que lo componen. A la derecha, el mismo nudo, con los elementos desplazados para poder identificar cada uno de ellos. Se representan en color rojo los elementos que fue necesario desmontar durante las obras.**

El tipo de metal empleado varía entre ellos, de acuerdo con la tecnología empleada en la época en que se construye cada uno. En el más antiguo (el muelle de Tharsis) se emplea la fundición gris para las pilas-pilote, que trabajan principalmente a compresión, y hierro pudelado, con mejor resistencia a la tracción, en las vigas. Esta diferencia de material entre los elementos que trabajan a compresión y los que trabajan a flexión se mantiene en la ampliación realizada en 1923, aunque el hierro pudelado de las vigas se sustituye por acero. En el caso del embarcadero de El Hornillo, construido en 1903, todos los elementos principales son de acero (tanto los que trabajan a compresión como los que trabajan a flexión), empleando fundición en elementos secundarios, como son los capiteles, las placas de apoyo de los pilares y las placas de separación entre vigas. En el último cargadero construido, el de Dícido, en 1938, todos los elementos son de acero. Este último cargadero es el único posterior a la publicación de la *Instrucción para el cálculo de tramos metálicos* en el que se proscribía el empleo de hierro pudelado o fundición y se indicaban las sobrecargas a considerar en estas estructuras. Independientemente de la identificación del tipo de material, para poder conocer con precisión sus prestaciones mecánicas y durables, es recomendable recurrir a ensayos, tanto mecánicos como químicos.

## Estado de los cargaderos

Fotografía de los cordones inferiores del cargadero de Dícido antes de la intervención. El cordón inferior de la celosía estaba totalmente corroído hasta el punto de que en algunas secciones se había desintegrado totalmente.

El principal deterioro que han sufrido los tres cargaderos tiene su origen en la corrosión del hierro o el acero por la acción de los cloruros marinos.

Por ello, resulta fundamental situar la construcción de estos cargaderos dentro de la evolución de los sistemas de protección de las estructuras metálicas durante el último siglo, así como valorar el rigor con que se aplicaban. Desde el siglo XIX se comprendían los fenómenos de corrosión del hierro y la influencia de los ambientes marinos en su aceleración. También se sabía que los recubrimientos con pinturas de minio o aceite de linaza mejoraban la durabilidad del metal, motivo por el cual se emplearon en obras emblemáticas como la Torre Eiffel y el puente de Forth, así como en estructuras similares como el embarcadero del puerto de Castro.

En el caso de Águilas, según se desprende del proyecto de construcción, el acero se deja sin recubrimiento, asumiendo pérdidas de sección, para lo que se da un "exceso de resistencia" (lo que en otros casos se llama espesor de sacrificio). Posteriormente, se revistió la estructura con brea para protegerla de la corrosión. De los otros dos cargaderos no se han encontrado referencias sobre su protección, y se desconoce si los revestimientos que tienen se ejecutaron en el momento de su construcción o son posteriores.

Muchas veces, el desconocimiento del proceso específico de la corrosión hizo que se emplearan detalles constructivos poco idóneos, por ejemplo, los cordones inferiores de la celosía Warren de Dícido tienen una sección formada con dos perfiles en U y una platabanda inferior, creando un cajón abierto por arriba que se llena de agua sin salida, este detalle ha dado como resultado secciones muy dañadas que han llegado a perder un alto porcentaje de su sección.

También se han identificado como puntos críticos las placas de unión entre perfiles en el embarcadero de El Hornillo. Estas uniones se conformaron mediante dos platabandas dispuestas una a cada lado del ala de los pilares fénix, roblonando por el exterior dos perfiles de arriostramiento. Para roblonar se dispuso una placa de fundición intermedia, lo que ha creado en algunos casos un recinto cerrado donde se almacena el agua. Como consecuencia, elementos sanos presentan grandes pérdidas en su unión, lo que imposibilita que colaboren en la resistencia de la estructura. Otro punto conflictivo es el contacto de las traviesas de madera con las vigas metálicas, la humedad de la madera propicia la corrosión del acero. Al llevar a cabo las actuaciones de reparación en El Hornillo y en Tharsis se ha observado cómo, sistemáticamente, bajo cada traviesa se encontraban grandes

Aspecto del arranque de los pilares tipo fenix del cargadero de El Hornillo en Águilas. En el momento que se quitó la brea que los protegía se pudo apreciar que la sección metálica estaba totalmente corroída.

**Imágenes del proceso de reparación de los pilares fenix del cargadero de El Hornillo. Estado previo a la intervención; una vez retirada la brea y la suciedad y óxido (se marca la zona de chapa a reemplazar); una vez reparada la sección metálica; y, finalmente, una vez pintado.**

pérdidas de sección. Este deterioro supone un problema adicional, pues se encuentra oculto y no ha sido hasta desmontar la madera cuando se ha podido cuantificar la reducción de la capacidad de la sección.

La cercanía al mar es también un aspecto diferencial en el avance de la corrosión, aquellas partes que se ven más expuestas a las salpicaduras presentan un peor estado de conservación, con elementos que han llegado a perder la práctica totalidad de su sección. En el embarcadero de El Hornillo, los elementos peor conservados son los que se encuentran a menor cota, es decir, los arranques de la estructura metálica y situados más cerca de la costa donde rompen las olas.

Por este motivo, la tipología palafítica es más propicia a la corrosión, pues parte de la estructura está dentro del agua y en zona de carrera de marea y de oleaje, mientras que los de tipología cantiléver se encuentran elevados sobre el mar. Por el contrario, y como veremos más adelante con el muelle de Tharsis, el mayor número de elementos que conforman los cargaderos de tipo palafítico supone una redundancia resistente o hiperestaticidad, existiendo soluciones alternativas para la transmisión de las cargas ante el fallo de alguno de los elementos.

La masividad de los elementos metálicos marca también una diferencia en cuanto a la progresión de la corrosión. Aquellos elementos con pequeño espesor han experimentado unas pérdidas significativamente superiores a aquellos de mayor espesor. Esto se observa en el embarcadero de El Hornillo, donde los pilares presentan pérdidas puntuales, mientras que los arriostramientos de menor espesor han llegado a perder por completo su sección.

El material empleado en la construcción incide directamente en el grado de corrosión y, por tanto, en el estado actual de las estructuras. Acero, hierro pu-

delado y fundición presentan comportamientos distintos frente a la oxidación. La fundición se oxida solo en superficie, generando una capa protectora que limita el deterioro. El hierro pudelado resiste peor que la fundición, aunque mejor que el acero, gracias a las impurezas de su estructura laminar. En El Hornillo, las chapas de fundición permanecen intactas, mientras los perfiles de acero han perdido gran parte de su sección. En Tharsis, las vigas de hierro pudelado del primer tramo han soportado mejor el paso del tiempo que las de acero, añadidas en la ampliación.

**Cargadero El Hornillo, recuperación de los pilares fenix y sus capiteles previos a la pintura. En la fotografía se puede apreciar como los arriostramientos que materializaban las cruces de san Andrés se tuvieron que sustituir por unos nuevos (en gris ya con la primera capa de pintura). La pequeña masividad de estos elementos junto con su exposición hizo que sufrieran una corrosión más severa y no pudieran ser reparados.**

La falta de protección adecuada y la existencia de detalles constructivos desfavorables ha propiciado una corrosión generalizada que en determinados elementos ha sido especialmente importante. La falta de mantenimiento durante las últimas décadas no ha ayudado, provocando que en algunos casos se pusiera en riesgo la estabilidad de los cargaderos. Esto es importante, ya que explica la dificultad de la mera inspección y toma de datos que ha requerido de la toma de medidas de seguridad y medios auxiliares especiales. También, y por supuesto, ha condicionado las fases constructivas y etapas de la reparación y refuerzo de la propia estructura, muy cercana al colapso en el momento de la intervención.

## Estrategia de intervención: recuperar la capacidad portante y respeto a los valores patrimoniales

En los tres embarcaderos, la estructura es el elemento que otorga valor al conjunto. Se presenta desnuda, sin adornos ni revestimientos, y cumple plenamente su función. Estas obras fueron singulares e innovadoras en el momento de su construcción.

En cualquier intervención sobre patrimonio construido, conservar la integridad estructural es un principio esencial. Debe preservarse cada componente como

Andamio completo en el cargadero de Dícido. Este andamio permitió el acceso a todos los elementos metílicos del cargadero y fue montado por fases mientras se ejecutaba una estructura auxiliar que reforzaba la estructura existente provisionalmente. Se monto la fase 1 del andamio, esta permitió el montaje de la estructura provisional, y posteriormente se completó el andamio y se procedió a la reparación completa de la estructura.

testimonio de la tecnología disponible en su época. En el caso de los cargaderos metálicos, este principio resulta aún más relevante. Mientras en la arquitectura la restauración de la estructura suele ser un medio para recuperar el edificio, en los cargaderos el objetivo principal es restaurar la propia estructura.

Aunque no se recomienda hacer reconstrucciones o sustituciones de forma general, en este caso era esencial recuperar los elementos estructurales perdidos. Las pérdidas de sección comprometían la capacidad resistente y podían provocar el colapso, con la consiguiente desaparición total de los bienes.

No debe olvidarse que estos cargaderos no son piezas de museo trasladables a entornos controlados. Son obras expuestas a la intemperie, obligadas a soportar acciones climáticas y cargas significativas.

La alternativa a sustituir los elementos deteriorados sería crear nuevos mecanismos resistentes mediante refuerzos externos. Sin embargo, ello modificaría de forma sustancial la morfología y la tecnología original que se pretende conservar. Además, en todos los casos se conoce el elemento que debe reemplazarse, así como su forma y dimensiones, por lo que no es necesario recurrir a conjeturas.

A este respecto, es importante destacar que la estructura que se quiere recuperar debe resistir las cargas a las que va a verse sometida en el futuro y no las que tuviera en el pasado o para las que fuera diseñado. Por ello, la primera

**Identificación del mecanismo resistente mínimo necesario a reparar en el tramo I de la manga de acceso del muelle de Tharsis. Se representan en rojo los elementos de la estructura de los que se puede prescindir dentro del mecanismo general resistente requerido para los nuevos usos y de los que no se recuperara su capacidad resistente perdida, tan solo se consolidan en su estado actual.**

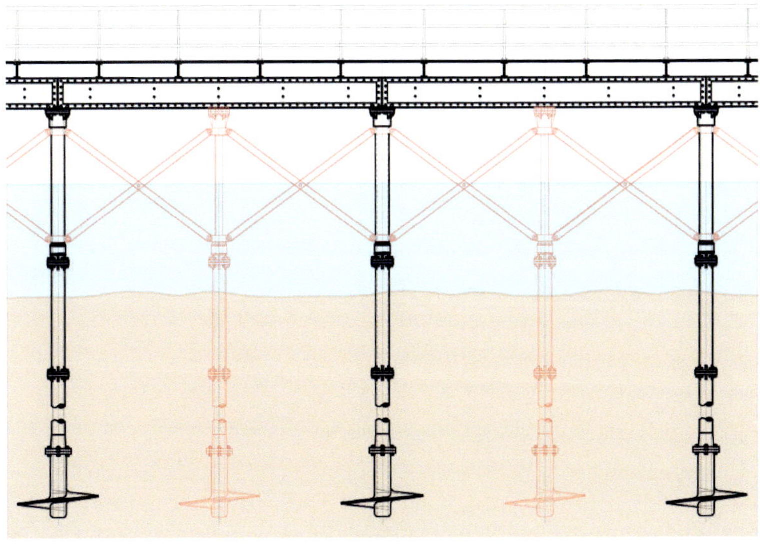

ALZADO

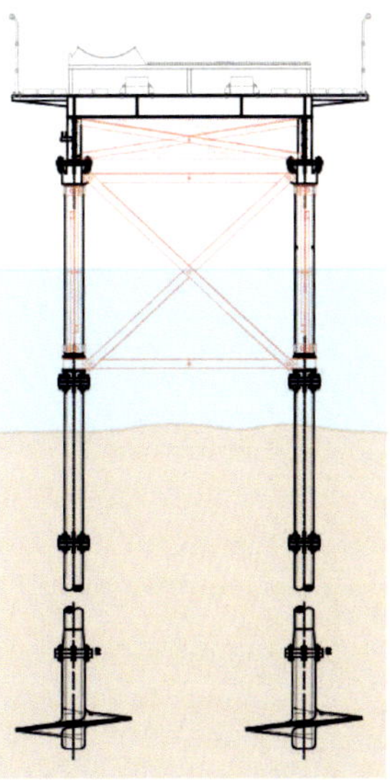

SECCIÓN TRANSVERSAL

cuestión que es necesario definir es qué uso tendrán los cargaderos. Perdida la actividad minera y con ella la necesidad de cargar el mineral en barcos, es inviable que mantengan el uso para el que fueron diseñados. Esto obliga a buscarles una nueva función que garantice la utilidad de los bienes y con ello aparezca la necesidad de conservarlos. En los tres casos, se ha planteado que se desarrollen actividades de ocio, paisaje y turismo. En el caso del cargadero de Dícido, más ligado al paisaje y turismo, habilitando visitas, y en el embarcadero de El Hornillo, más ligado al ocio, con posibilidad de incluir pantalanes para embarcaciones de recreo en el piso inferior y restauración en el piso superior. En cualquier caso, desde un punto de vista de las cargas a soportar, estos usos se traducen en las sobrecargas derivadas de acceso público (5 kN/$m^2$) o pequeñas cargas puntuales, derivadas de las necesidades de mantenimiento y logísticas.

Las nuevas solicitaciones plantean dos situaciones diferentes respecto a las previstas en el diseño original. En algunos casos, la estructura debía soportar el peso de trenes cargados; en otros, el mineral se movía mediante cintas mecánicas. En el embarcadero de El Hornillo y en el muelle de Tharsis, la estructura fue dimensionada para esfuerzos muy superiores a los que tendrá en el futuro.

Por ello, la estrategia de conservación se ha plasmado en buscar el mecanismo mínimo resistente necesario, es decir, en identificar aquellos elementos estrictamente indispensables para asegurar la estabilidad futura. Estos elementos deben ser reparados y protegidos. Para el resto, el criterio de intervención es el de limpiar y consolidar, no el de recuperar la sección resistente. Por ejemplo, en el muelle de Tharsis se ha considerado que no son necesarios los arriostramientos de vigas y pilotes, así como refuerzos ejecutados tras su construcción (pilotes a mitad de vano y tirantes como refuerzo de vigas). En el embarcadero de El Hornillo se han considerado prescindibles los elementos de arriostramiento, al no existir en el futuro las fuerzas horizontales de arranque y frenado.

Una vez definidos los elementos de la estructura mínima necesaria se ha analizado qué pérdidas de sección son asumibles para las futuras cargas. Para ello se han realizado varias hipótesis de deterioro, desde considerar que la sección no tiene pérdidas hasta que se han perdido partes completas o cierto porcentaje de espesor. Para cada una de ellas se calculan sus esfuerzos resistentes y se comparan con los esfuerzos solicitantes, estableciendo los límites a las pérdidas asumibles.

Cuando la pérdida era inferior al límite establecido, el elemento se saneaba y se protegía con un sistema multicapa de pintura. Si la pérdida superaba ese umbral, se optaba por su sustitución o reparación. Como norma general, se ha preferido reemplazar el elemento completo por otro de igual geometría cuando la reparación afectaba a gran parte de la pieza y la sustitución resultaba constructivamente viable.

En otros casos, se consideró más adecuado hacer una reparación localizada mediante la adición de una chapa o perfil, preferiblemente en sustitución de la zona deteriorada. La decisión final dependía del grado de deterioro y de la necesidad de desmontar otras piezas, valorando siempre las implicaciones que esa operación tenía sobre el conjunto estructural.

En el caso del cargadero de Dícido, la estructura está diseñada para unas cargas similares a las previstas en el futuro, pues el mineral se movía por una cinta transportadora sobre el cargadero, pero el gran reto, en este caso, ha sido el de reparar y sustituir algunos elementos muy dañados, especialmente los dos cordones inferiores de la celosía y los travesaños que los unen. La reparación de estos elementos obligaba al desmontaje completo de los nudos del cordón inferior, al ser la estructura isostática y no haber otro mecanismo redundante, ha sido necesario materializar otro cordón inferior provisional por encima del existente que ha permitido desmontar este sin poner en riesgo la estabilidad de

Vista del avance de las obras en el cargadero de el Hornillo. Pilares fenix limpios, reparados, y una vez recuperada su sección, nuevos elementos para el arriostramiento horizontal longitudinal y transversal; cruces de San Andres que mantienen el tensor central pero que han requerido de nuevos elementos en su unión con la estructura principal; y tablero superior saneado. Estructura preparada para pintar.

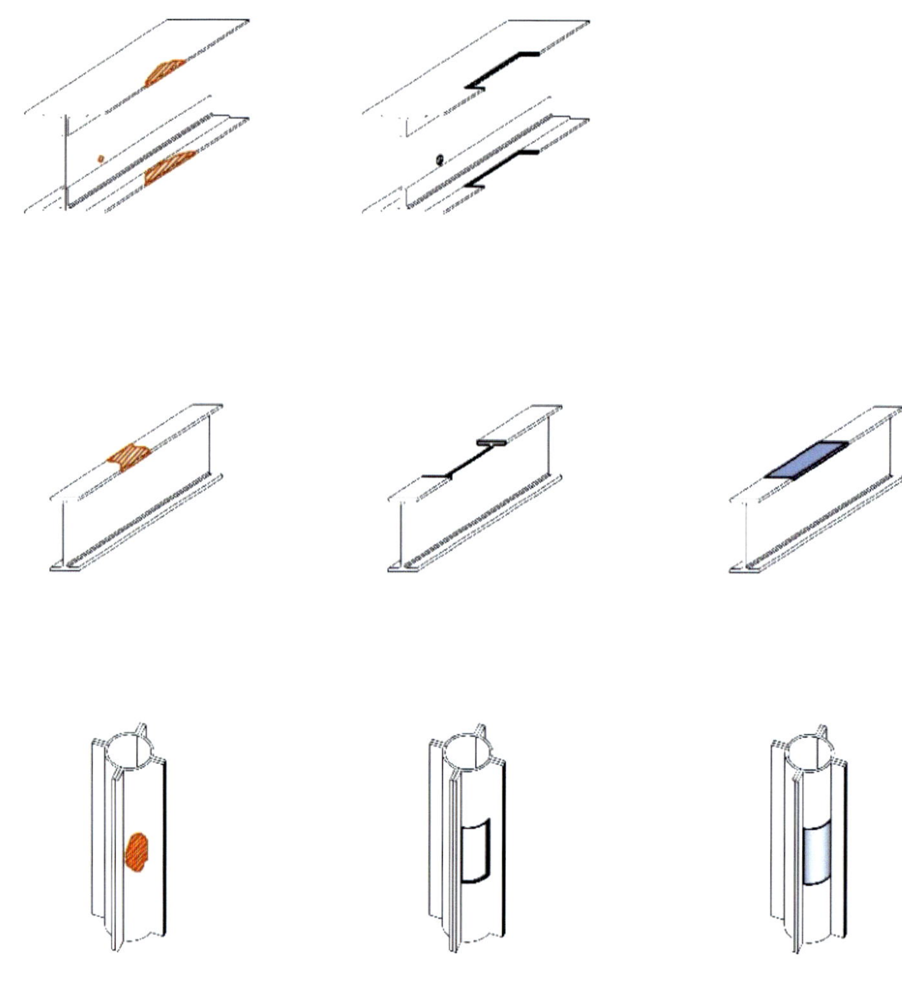

la estructura. En el resto de los elementos, se han prescrito reparaciones puntuales la limpieza y protección general. Este procedimiento ha obligado a pensar y analizar con mucho cuidado y respeto la transferencia de cargas entre los elementos del cargadero en las diferentes etapas constructivas.

Procedimiento de reparación de los elementos metálicos de los cargaderos. Arriba, una viga en la que se ha considerado asumible prescindir parte de la platabanda del ala. En medio, una viga en la que se considera necesario recuperar el ala cuando la perdida es superior al 50% del área y se encuentra en zonas de esfuerzos importantes. Abajo, un pilar fenix al que se le sustituye un cuarto de circulo cuando la perdida es superior al 50% del espesor.

El panorama al que se enfrentan muchos de los elementos de nuestro patrimonio industrial es complejo, al encontrase muchos de ellos en entornos ambientales muy agresivos y bajo diferentes usos. El paso del tiempo ha hecho que su estado, especialmente en el caso de estructuras metálicas, sea deficiente y hasta se ponga en duda su estabilidad. Los procesos de deterioro han llegado a alcanzar un umbral donde es difícil llevar a cabo reparaciones con suficiente fiabilidad, lo que obliga a realizar actuaciones traumáticas, no siendo suficiente la limpieza y consolidación de sus elementos. Es, por tanto,

imprescindible, abordar su pronta reparación, donde una evaluación estructural pormenorizada y profunda teniendo en cuenta el estado del monumento, el futuro uso que se le quiera dar y el entorno en el que se encuentra, son obligados. Tenemos mucho trabajo por hacer en la arquitectura del hierro, demasiados bienes olvidados en entornos ambientales agresivos que requieren de nuestra atención.

**Vista desde el interior del Cargadero de Dícido una vez finalizada la restauración integral.**

# FORTALEZA Y PAISAJE

FORTALEZAS, FUERTES Y TORRES

## FORTALEZAS, FUERTES Y TORRES

La arquitectura defensiva —castillos, fortalezas, torres, murallas— ha desempeñado un papel clave no solo en la historia militar y política, sino también en la configuración del paisaje y la identidad territorial. Entender y describir el papel de la arquitectura defensiva implica mucho más que caracterizar muros y baluartes: supone comprender cómo estas construcciones dialogaban con su entorno, lo dominaban, lo condicionaban y también lo interpretaban.

Siguiendo la dinámica de los capítulos anteriores, nos centramos en este caso en el proyecto de restauración de tres casos de estudio pertenecientes a épocas, funciones y localizaciones muy diferentes: Fort George, Yamchun Fortress y la Citadelle Henry, donde el análisis del vínculo entre infraestructura y territorio se antoja indispensable. Estos proyectos se han realizado para el Banco Mundial en los últimos 10 años.

Fort George y su localización en la misma bocana del puerto de la capital que garantizaba la protección del suministro y cualquier invasión que se intentara por el mar desde el sur.

**Fort George** fue concebido en el siglo XVIII como parte del sistema defensivo para proteger la bahía principal de la ciudad de St. George, en la isla de Granada, dentro de las Antillas Menores. Su historia refleja la complejidad política y colonial del Caribe: iniciado por los franceses en el siglo XVIII, completado por los ingleses en el siglo XIX y, tras la independencia en 1974, reutilizado por la población local como sede de la comisaría central de policía.

La **fortaleza de Yamchun**, ubicada en el valle de Wakhan en la región de Alto Badajshán, Tayikistán, es una de las estructuras más emblemáticas de Asia Central y está estrechamente vinculada a la historia de la Ruta de la Seda. Se estima que fue construida entre los siglos III y I a.C., durante el periodo del Imperio greco-bactriano. Sirvió como puesto militar y de control de caravanas que transitaban por el corredor de Wakhan, una sección clave de la Ruta de la Seda que conectaba China con Afganistán, India e Irán. La fortaleza formaba parte de una red de fortificaciones, mercados y asentamientos que facilitaban el comercio entre Oriente y Occidente. Controlaba el paso de mercancías y personas, y ofrecía protección frente a incursiones extranjeras. Se han encontrado evidencias de intercambios entre el Imperio Kushán, el Imperio romano y la dinastía Han de China, lo que demuestra su papel en el comercio internacional desde antiguo. Sin embargo, desde el final de la dinastía Tang, sobre el siglo X, en la que siguió siendo punto de control y posiblemente de recaudación de tributos, la apertura de rutas alternativas y el cambio de las dinámicas comerciales provocaron su paulatino abandono. Exploradores europeos del siglo XIX la redescubrieron, atrayendo a arqueólogos y viajeros interesados en la historia de la Ruta de la Seda.

**Entrada al nivel superior de la fortaleza de Yamchun desde donde se aprecia su localización privilegiada dentro del valle del Wakhan.**

La **Citadelle Henry**, también conocida como Citadelle Laferrière, está ubicada en el norte de Haití, cerca de la ciudad de Milot y a unos 27 km al sur de Cap-Haïtien. Considerada la fortaleza más grande de las Américas y una de las más imponentes del mundo, fue construida a comienzos del siglo XIX por encargo de Henri Christophe, líder de la revolución haitiana y autoproclamado rey del norte de Haití. Fue concebida como una medida defensiva frente a posibles intentos de reconquista por parte de Francia tras la independencia de Haití en 1804. Aunque nunca llegó a ser utilizada en combate, la Citadelle simboliza la determinación del pueblo haitiano por preservar su libertad. Está equipada con 365 cañones y con almacenes capaces de abastecer a hasta a 5000 personas durante un año completo.

Hoy en día la Citadelle Henry es un sitio emblemático de Haití, reconocido por su valor histórico y arquitectónico. En 1982 fue declarada Patrimonio de la Humanidad por la UNESCO, junto con el cercano Palacio de Sans-Souci, formando parte del Parque Nacional Histórico Citadelle, Sans Souci, Ramiers.

Vista aérea de la Citadelle que resalta su escala monumental, un emplazamiento de difícil acceso y una configuración basada en un modelo abaluartado que refleja la influencia de la ingeniería francesa del s. XVII y s. XVIII.

## Las fortalezas y su relación con el paisaje

Las fortalezas no eran elementos aislados, sino nodos estratégicos en redes de control territorial, visual y simbólico. Se emplazaban en altozanos, en pasos naturales, junto a ríos o en puntos fronterizos. Desde ellas, el paisaje se transformaba en un recurso: los valles se interpretaban como vías de comunicación; las montañas, como barreras naturales; y los ríos, como obstáculos o corredores de movilidad.

En este sentido, **Fort George** responde plenamente a esta lógica. Se construyó con un claro propósito defensivo en un contexto de disputa colonial por el control territorial, lo que queda reflejado incluso en la superposición de elementos propios de sus distintos ocupantes. Pero más allá de lo militar, la fortaleza funcionó también como un símbolo de poder frente a la población conquistada.

Su ubicación, en una elevación que domina la entrada de la bahía y el puerto principal de la isla, garantizaba una doble ventaja: el control visual sobre buena parte de la costa caribeña y la vigilancia sobre la capital y su núcleo portuario desde una posición de superioridad topográfica. Esta condición estratégica se acompañaba de una potente presencia simbólica: la masa robusta de la fortificación se percibía tanto desde mar abierto como desde el interior de la isla, constituyendo a la vez una amenaza para posibles invasores y una garantía de protección para los habitantes. De esta manera, Fort George se convirtió en un elemento de confianza colectiva que facilitó tanto la expansión del comercio como el desarrollo urbano en torno al puerto.

A escala arquitectónica, el fuerte aún refleja las teorías de Sébastien le Prestre de Vauban, ingeniero militar de Luis XIV. La formalización que hizo Vauban de los métodos de asedio, fortificación y estrategia en el siglo XVII marcó de manera decisiva la ciencia militar europea durante los siglos XVII y XVIII. La esencia de su sistema se basaba en polígonos delimitados por cortinas, rematados en sus ángulos por baluartes salientes desde cuyos flancos podía protegerse el frente

Fort George en fase de rehabilitación de las cubiertas de madera de los dos principales edificios que ejercían la función de barracones y muestra de uno de los potentes baluartes típicos de los diseños de Sebastien le Prestre de Vauban que lo configuran como ese símbolo de protección de la capital.

adyacente. En Fort George, este esquema se reforzó con dispositivos adicionales: un revellín, una cortina y una explanada, dispuestos en niveles descendentes desde el núcleo central de la fortaleza.

En la actualidad, Fort George constituye un lugar de memoria múltiple. Es testimonio de los conflictos coloniales asociados a la expansión europea en América, pero también de episodios cruciales de la historia reciente de Granada. En el marco de la independencia, Fort George fue escenario de un episodio decisivo el 19 de octubre de 1983, cuando el primer ministro Maurice Bishop —quien había llegado al poder en 1979 tras derrocar al gobierno que condujo al país a la independencia— fue arrestado y ejecutado por una facción interna más radical. La crisis política resultante sumió a la isla en el caos. Seis días después, el 25 de octubre de 1983, Estados Unidos, bajo el liderazgo del presidente Ronald Reagan, lanzó la Operación Urgent Fury. Con el argumento de proteger a los aproximadamente seiscientos estudiantes estadounidenses de medicina de la Universidad de St. George, restablecer el orden tras la violencia y el vacío de poder, y frenar la creciente influencia cubana y soviética en el Caribe —probablemente

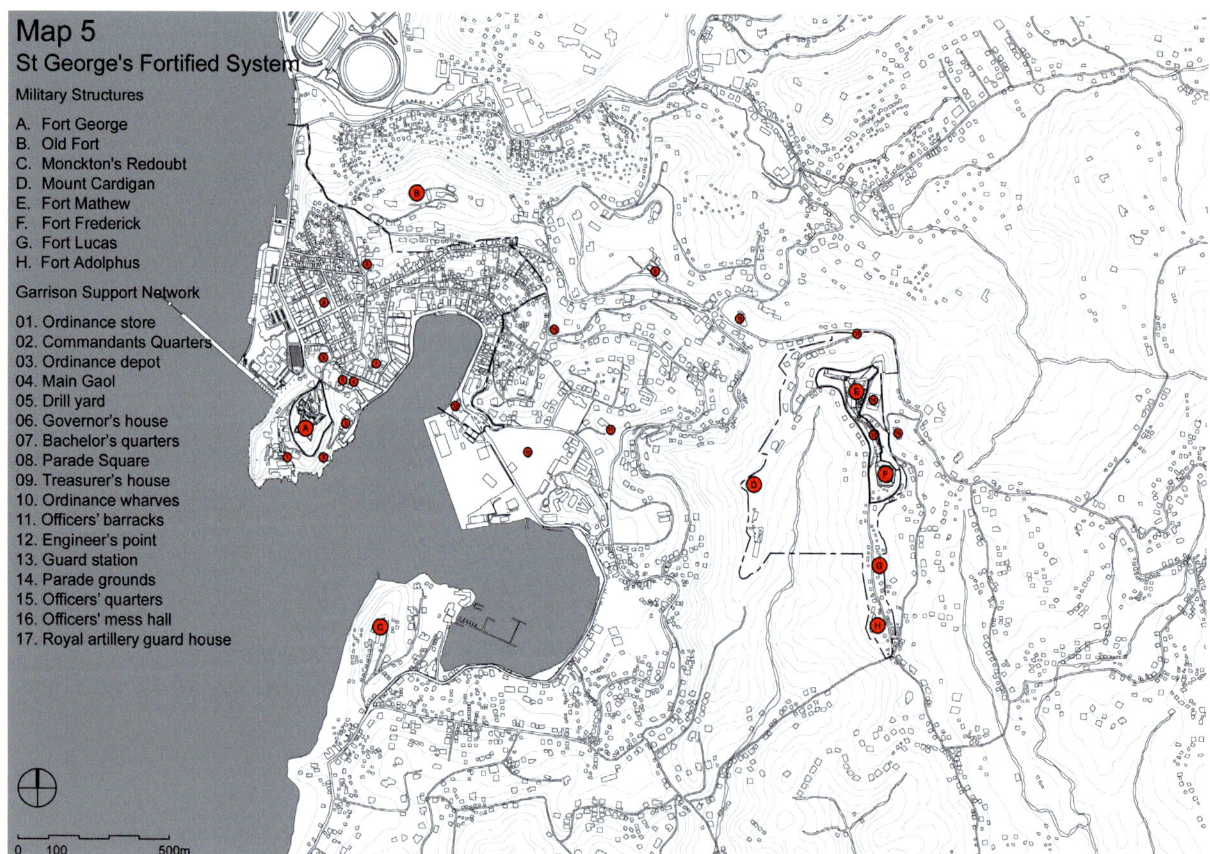


Definición esquemática del sistema defensivo de la ciudad de St. George y papel preponderante de Fort George dentro de él.

el motivo de mayor peso—, las fuerzas estadounidenses invadieron Granada. Parte de los combates tuvieron lugar en el propio fuerte. Este acontecimiento dejó una profunda huella en la memoria colectiva.. Cada año se celebra en Fort George una ceremonia en recuerdo de las víctimas, y el lugar se reconoce hoy como símbolo de la lucha por los derechos y la libertad del pueblo granadino.

De este modo, Fort George sintetiza la dimensión militar, paisajística y simbólica de la arquitectura defensiva: fue bastión colonial, referente territorial y, con el paso del tiempo, espacio de identidad y memoria para la comunidad local.

La **fortaleza de Yamchun** aparece como un nodo esencial en el camino, en este caso en la Ruta de la Seda, desempeñando la doble función de refugio y lugar de intercambio. Su origen responde más al impulso de la expansión comercial que a objetivos bélicos, y su carácter se entiende tanto por lo recóndito de su emplazamiento como por las duras condiciones climáticas de su entorno. Estas circunstancias explican que no fuera escenario de disputas territoriales ni respondiera a un propósito militar directo.

Su emplazamiento puede leerse en dos claves. Desde una perspectiva amplia, su localización estratégica en el valle del Pamir, frente a la cordillera del Karakórum —que alberga cinco de las catorce cumbres de más de 8000 m del planeta— refleja la dificultad y estrechez del territorio que atravesaba la Ruta de la Seda en este tramo. Este corredor, que enlaza las cordilleras de Pamir y del Hindú Kush,

**Vista aérea - frontal de la totalidad de la fortaleza de Yamchun que refleja su vasta extensión y denota el volumen de comerciantes que transitaban la ruta de la seda.**

fue esencial para transportar mercancías entre los dominios de la dinastía Han en China y el Imperio Seléucida en Occidente. Bajo control del Imperio Kushán, este sector se integraba en la ruta septentrional de la Ruta de la Seda, conectando los asentamientos Han de Kasgar o Yarkand con la región de Bactriana, al norte del Hindú Kush, en Afganistán, a través del corredor de Wakhan.

Desde una perspectiva más concreta, la ubicación de Yamchun, a 3140 m de altitud y en un terreno abrupto, otorgaba un dominio visual privilegiado sobre el valle. Esta posición permitía detectar la presencia de bandidos y actuaba como elemento disuasorio frente a potenciales asaltos a los comerciantes que lo atravesaban. La fortaleza no solo ofrecía protección, sino también cobijo, a una comunidad que la habitaba y sostenía con carácter temporal.

Su diseño responde claramente a un perfil mercantil y no militar. La arquitectura vertical se ve determinada por la topografía, al aprovechar un desnivel de 385 m desde el río Panj hasta el nivel superior, con pendientes en torno a los 25°. Esta disposición reforzaba la seguridad de sus ocupantes al tiempo que proporcionaba espacios de descanso e intercambio comercial, manteniendo además una segregación social en función del estatus de los mercaderes.

La fortaleza se organizaba en torno a cuatro elementos principales: la ciudadela, la segunda línea de murallas, la muralla exterior y una pequeña fortificación

Vista aérea de la ciudadela ubicada en el nivel superior de la fortaleza de Yamchun, donde se aprecia la organización del espacio con una plaza central rodeada de pequeñas estancias. También se observa el avanzado estado de ruina no consolidada y la compleja accesibilidad del lugar, condicionada por la topografía escarpada propia de estas altitudes, que además implica un riesgo de descalce en la cimentación de la muralla.

aislada. Estos se distribuían en tres niveles diferenciados que, además de reforzar la protección, establecían una jerarquía social vinculada al poder económico de cada grupo.

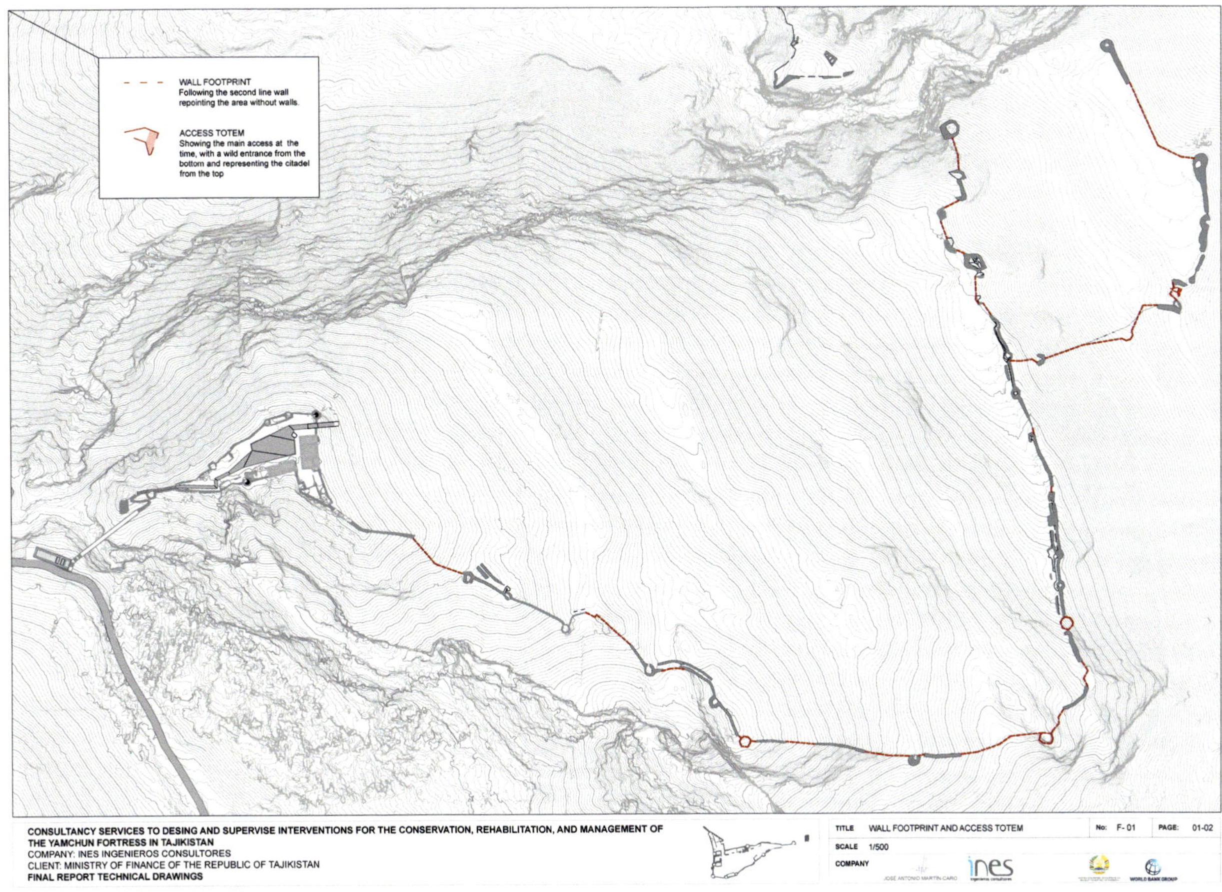


El único acceso original se encontraba en la parte baja, conectando directamente con las explanadas inferiores accesibles desde el valle. Este primer nivel se habría destinado principalmente al descanso de caravanas, con estructuras temporales y una convivencia estrecha entre hombres y animales de carga, seguramente reservado a mercaderes modestos. En esta zona los muros y torres circulares ofrecían solo una protección básica, con aberturas para vigilar el valle.

El segundo nivel, de mayor extensión (40 hectáreas) y protegido por una segunda muralla, acogía a comerciantes de rango intermedio y quizás a asistentes de mercaderes más poderosos. Aquí se establecía una mayor organización, separando los espacios de personas y animales.

**Esquema que representa la composición de la Fortaleza de Yamchun con sus diferentes niveles y su zona amurallada, reflejando la segregación social en función del estatus de los mercaderes.**

Finalmente, la ciudadela constituía el tercer nivel de la fortaleza. Erigida sobre un risco triangular y aprovechando los barrancos laterales como fosos naturales, ocupa unos 2860 m$^2$. Su planta irregular, delimitada por tres flancos, se adapta a la topografía y se refuerza con torres y murallas más elevadas. En su interior aún pueden identificarse divisiones marcadas por muros interiores que conformaban pequeños recintos de entre 30 y 70 m$^2$. Los restos de mechinales en las torres indican la existencia de forjados de madera que configuraban estancias de uso habitacional, almacenes o comedores, todos ellos articulados en torno a un patio central que canalizaba la vida y las relaciones comerciales de sus ocupantes. La posición dominante de la ciudadela y la limitación del espacio hacen pensar que estuviera reservada a los comerciantes más adinerados.

Si bien no tenía una finalidad militar, Yamchun cumple, de acuerdo con las Directrices de ICOMOS para el patrimonio fortificado, con los principios que caracterizan una fortaleza: barrera y protección (torres y murallas), mando (ciudadela), profundidad (sucesión de líneas defensivas), flanqueo (torres) y disuasión (emplazamiento en riscos).

**Difícil accesibilidad, estado de ruina no consolidada, vulnerabilidad frente a las acciones climáticas y sísmicas, emplazamiento y reflejo de sistema defensivo.**

En suma, Yamchun constituye un ejemplo excepcional de arquitectura plenamente adaptada al medio, que conserva la memoria de una ruta comercial mi-

lenaria. Su existencia testimonia la importancia de estos enclaves como nodos de conexión entre civilizaciones distantes y como catalizadores del desarrollo cultural y económico de Asia Central.

Para entender la importancia de la relación con el paisaje de la Citadelle Henry es necesario tener en cuenta que la independencia de Haití se logró gracias a un conflicto desigual, en el que antiguos esclavos y campesinos se enfrentaron a un ejército regular europeo. La clave del éxito fue la guerra de guerrillas, caracterizada por la movilidad constante, los ataques sorpresa con repliegues rápidos, el aprovechamiento del relieve montañoso y de la selva como aliados, así como por una estrategia de desgaste frente a ejércitos disciplinados pero rígidos. Esta experiencia marcó profundamente la concepción defensiva de los líderes haitianos tras la independencia.

El valor de la Citadelle Henry radica no solo en su escala monumental o en su compleja ingeniería militar, sino también en la profunda relación que establece con el paisaje montañoso del norte haitiano, donde se erige como símbolo de resistencia, soberanía e identidad nacional. Concebida como pieza clave de un sistema defensivo destinado a proteger la nueva nación, su construcción se convirtió en una obra colectiva de dimensiones extraordinarias y en

Vista desde la cima del monte Bonnet L'Eveque que evoca la relación de la Citadelle con la estrategia de guerra de guerrillas con la que los antiguos esclavos y campesinos, aprovechando la orografía accidentada, lucharon y expulsaron a los franceses.

un testimonio de la voluntad de consolidar la independencia a través de la arquitectura militar.

La elección de su emplazamiento no fue arbitraria. Situada en la cima del monte Bonnet l'Évêque, a casi 900 metros de altitud y a escasos kilómetros de Cap-Haïtien, la fortaleza domina visualmente la costa atlántica y los accesos terrestres al norte del país. Esta ubicación respondía a criterios estratégicos de visibilidad costera, pero también era coherente con la lógica guerrillera. Refugiarse en lo alto de la montaña evocaba las tácticas de repliegue empleadas durante la guerra; el acceso difícil y empinado reproducía la idea de convertir el terreno en un obstáculo natural, del mismo modo que en la lucha irregular; y, a diferencia de Fort George, la Citadelle no pretendía defender la entrada por mar, sino constituirse en un último bastión al que retirarse en caso de invasión, prolongando así la resistencia.

Batería de Grand Boucan de Citadelle Henry que refleja espacio habitacional para las tropas, un polvorín para la elaboración de munición y el dominio del paisaje por la posición elevada que le permite identificar con gran antelación cualquier incursión del enemigo.

La guerra de guerrillas había enseñado que el terreno podía ser tan decisivo como las armas. La Citadelle cristaliza esa lección en una arquitectura monumentalizada: la montaña ya no era únicamente refugio de guerrilleros, sino soporte de un símbolo nacional inexpugnable. Lo aprendido en la lucha irregular se institucionalizó y se transformó en un sistema defensivo permanente. La fortaleza se convirtió así en una síntesis entre las tácticas móviles de la revolución y la necesidad de una defensa estática frente a la amenaza de reconquista.

Este aspecto también condicionó su diseño. Aunque la Citadelle se construyó siguiendo influencias europeas de los modelos abaluartados de los siglos XVII y XVIII, incorporó rasgos vinculados a la mentalidad guerrillera. Contaba con una notable autonomía logística gracias a los grandes almacenes de pólvora, agua y alimentos que le permitían resistir meses sin contacto exterior, como si se tratara de un campamento oculto en la montaña. Sus espacios interiores multifuncionales podían albergar tanto tropas como provisiones, garantizando la movilidad interna y la capacidad de reorganización. Además, su altura y visibilidad le permitían controlar rutas y posibles desembarcos.

La construcción movilizó a decenas de miles de trabajadores y requirió un enorme esfuerzo logístico para trasladar materiales hasta la cima. El resultado fue una fortaleza de muros ciclópeos, con espesores capaces de resistir artillería pesada y un diseño adaptado tanto al relieve como a las exigencias militares de la época. Su planta irregular, que tanto perjudica su comportamiento sísmico, respondía a la topografía.

Más allá de su funcionalidad militar, que nunca llegó a ejercerse, la Citadelle adquirió un profundo valor simbólico. Su monumentalidad proyectaba la autoridad del monarca Henri Christophe, pero sobre todo encarnaba la victoria de los esclavos emancipados frente al poder colonial europeo. La fortaleza se convirtió así en metáfora de la libertad conquistada y de la voluntad de permanencia de un pueblo recién nacido como nación. Con el tiempo, se consolidó como uno de los grandes emblemas de Haití, una construcción que condensa memoria histórica, orgullo colectivo y resistencia frente a la opresión.

Su reconocimiento como Patrimonio de la Humanidad por la UNESCO en 1982 confirma este papel, otorgándole además una dimensión contemporánea vinculada al turismo cultural y al fortalecimiento de la memoria histórica.

## Condicionantes de la intervención y de los posibles usos futuros: geografía, identidad territorial y paisaje

La geografía constituye un factor determinante tanto de la búsqueda de los posibles usos futuros de una fortaleza rehabilitada como en las obras de restauración necesarias. El emplazamiento condiciona tanto su accesibilidad como su integración en el territorio. La orografía y las comunicaciones actuales pueden facilitar o dificultar la llegada de visitantes, el transporte de materiales para su restauración o la implantación de infraestructuras de apoyo (aparcamiento, centros de interpretación, accesos adaptados). De igual modo, el clima y la exposición a agentes naturales como la humedad, el viento o la erosión influyen en las decisiones de conservación y en la intensidad del uso turístico permitido. En ocasiones, el entorno paisajístico se convierte en un valor añadido —un mirador privilegiado, una experiencia inmersiva en la naturaleza—, pero también puede actuar como limitación si la fragilidad ambiental obliga a restringir flujos de visitantes.

En este sentido, **Fort George** está sometido a la recurrencia de huracanes y lluvias torrenciales, a la inclemencia de un sol abrasador y, en menor medida, a problemas de accesibilidad. Desde el punto de vista de la restauración, la condición insular multiplica las dificultades: la dependencia de materiales muy específicos y la distancia respecto a países proveedores de materias primas introducen una complejidad logística que encarece y dilata los plazos de ejecución.

La fortaleza de **Yamchun**, enclavada en el remoto valle del Wakhan, enfrenta limitaciones de otra naturaleza. El largo y arduo viaje desde Dusambé —o incluso desde Khorog (capital regional)— constituye la primera barrera para su acceso. A ello se añade la carencia de infraestructuras turísticas básicas, como alojamientos o servicios de acogida, y la precariedad del camino que conduce a la fortaleza. Estas condiciones restringen tanto el potencial de uso turístico futuro como la propia viabilidad de las obras de rehabilitación. Las inclemencias del clima agravan el escenario: durante casi seis meses al año, el frío extremo y la nieve impiden no solo el disfrute turístico del enclave, sino también el desarrollo continuado de trabajos de conservación e incluso el acceso al emplazamiento. Finalmente, la elevada sismicidad de la región introduce un factor de riesgo mayor, poniendo en serio compromiso la estabilidad y la preservación de los restos aún existentes.

La **Citadelle Henry**, por su parte, se ve marcada por condicionantes que trascienden lo puramente geográfico. La percepción de inseguridad del país constituye un obstáculo recurrente para la llegada de turistas y restauradores internacionales. En el plano local, el acceso final exige un esfuerzo físico considerable, lo que limita la experiencia a un público reducido. A estas dificultades se suma la elevada humedad derivada de la bruma que envuelve el monte Bonnet l'Évêque al atardecer, acelerando procesos de deterioro en la fábrica. La amenaza sísmica, ya responsable en el pasado de daños significativos, completa un cuadro de vulnerabilidad que condiciona cualquier intervención de conservación en un país en una situación muy complicada ya de por sí.

Actividades de restauración llevadas a cabo por especialistas labreros colombianos, carpinteros de San Vicente y las Granadinas, empleando madera de Alemania, placas de anclaje realizadas en Trinidad y Tobago, panelado sándwich español y tejas de cola de pez provenientes de China. Ejemplo de la dependencia de materiales y especialistas en la obra de Fort George.

En los tres casos, pese a lo atractivo de las intervenciones, se observa un denominador común: la ausencia de atractivo empresarial suficiente para movilizar a constructoras especializadas en patrimonio. Se configura así un panorama en el que la conservación de fortalezas excepcionales se enfrenta no solo a los embates de la naturaleza y la historia, sino también a las dinámicas económicas y empresariales contemporáneas.

## Territorio y sociedad

Las fortificaciones, por su carga histórica y simbólica, están íntimamente ligadas a la identidad de las comunidades que las rodean. La rehabilitación no puede desligarse del conjunto de prácticas, percepciones y vínculos que la población mantiene con el monumento. En muchos casos, la fortaleza forma parte del imaginario colectivo, de las fiestas locales, de la toponimia o de los relatos transmitidos de generación en generación. Por esto es necesario integrar esa memoria viva en los proyectos de restauración para garantizar una mayor aceptación social y así reforzar el sentido de pertenencia. Ignorarla, en cambio, puede derivar en tensiones entre agentes externos (administraciones, empresas turísticas) y la comunidad local, que percibe la intervención como una apropiación ajena.

En el caso de **Fort George**, el vínculo con la sociedad granadina se materializa, sobre todo, a través de la memoria política reciente. La ejecución de Maurice Bishop en el interior del fuerte convirtió el lugar en un escenario de duelo y conmemoración, recordado cada año con ceremonias en su honor. Esta dimensión memorial se entrelaza con otros posibles usos culturales: su articulación con el carnaval, principal evento festivo de la isla, podría reforzar la presencia de la fortaleza en el imaginario popular. Además, su condición de espacio cargado de historia lo convierte en un candidato idóneo para acoger un museo nacional que relate los hitos más significativos de Granada. De este modo, la institución escolar también hallaría en Fort George un recurso pedagógico capaz de acercar la historia y el patrimonio a las nuevas generaciones.

**Maurice Bishop y Fidel Castro en el mitin del Primero de Mayo de 1980 en Cuba. Castro afirmo que la revolución de Granada era "un verdadero símbolo de independencia y progreso en el Caribe" digno de apoyo.**

Volviendo a **Yamchun**, los vínculos comunitarios aparecen más diluidos, aunque no por ello son menos relevantes. La cercanía de la ciudad de Khorog y su universidad ofrecen la posibilidad de proyectar el fuerte como laboratorio de buenas prácticas en rehabilitación patrimonial y turismo sostenible. Al mismo tiempo, el mercado artesanal de pequeña escala que ya existe en la región podría encontrar en la fortaleza un espacio de encuentro, articulando ferias o eventos periódicos que conecten a productores locales con visitantes y académicos. De esta forma, la rehabilitación del monumento se convertiría también en catalizador del tejido social y económico del valle.

La **Citadelle Henry**, por su parte, constituye el ejemplo más complejo y a la vez más rico en interacciones locales. Su acceso está profundamente ligado a un sistema comunitario de transporte, que incluye el alquiler de caballos y mulas, guías locales que acompañan en la ascensión y servicios de mototaxi en los tramos más bajos. A ello se suma el papel de los guías en la construcción de relatos híbridos, donde se entrelazan datos históricos, leyendas y memorias orales. La dimensión comercial está presente a través de la venta de artesanías, textiles y objetos decorativos en los entornos de Milot, mientras que la gastronomía local complementa la experiencia con platos tradicionales haitianos. Finalmente, la Citadelle se integra en el calendario ritual y festivo de la comunidad, que la resignifica como espacio vivo mediante procesiones, ceremonias y celebraciones culturales.

Guías locales contribuyendo con leyendas y anécdotas a la visita histórica de la Citadelle.

En conjunto, estos tres casos muestran cómo la rehabilitación de una fortaleza trasciende la mera preservación material y se convierte en un proceso de negociación muy interesante entre historia, memoria y usos contemporáneos. Cada contexto despliega formas distintas de apropiación comunitaria, todas ellas imprescindibles para que la restauración se traduzca en un patrimonio vivo, socialmente integrado y sostenible en el tiempo.

## Turismo y usos contemporáneos

El turismo cultural se presenta hoy como uno de los principales motores de rehabilitación de fortalezas, pero su desarrollo debe equilibrar tres dimensiones: conservación patrimonial, rentabilidad económica y beneficio social. La monumentalidad y el atractivo escénico de las fortificaciones las convierten en polos de atracción capaces de dinamizar economías locales a través de visitas, hostelería o actividades complementarias. Sin embargo, un turismo masivo y descontrolado puede poner en riesgo tanto la integridad del bien como la autenticidad de la experiencia. De ahí la necesidad de plantear planes de uso que regulen los aforos, diversifiquen las actividades (exposiciones, conciertos, rutas temáticas) y articulen una narrativa que combine rigor histórico con accesibilidad divulgativa.

En Granada existen diversos operadores turísticos privados y entidades gubernamentales que promueven actividades dirigidas al turismo internacional en **Fort George**. Además, una parte importante de los visitantes llega en cruceros, lo que exige una gestión cuidadosa para controlar los flujos de entrada. La propuesta de rehabilitación debía proponer unos usos que equilibraran las pretensiones de unos y otros y, sobre todo, las tres dimensiones anteriormente enumeradas. Tras muchas reuniones y no pocas discusiones se decidió incluir la creación de un museo botánico que muestre la variedad y riqueza de la naturaleza de la isla, una oficina de información turística, un bar con vistas panorámicas, unas oficinas para el gobierno (ministerio a determinar). Además, se pactaron una serie de actividades temporales y estacionales como la organización de conciertos, representaciones históricas, observación de estrellas y otros eventos al aire libre.

Debido a la geometría del fuerte y al desembarco de cruceros se planteó un recorrido con entrada y salida definido, un acceso para personas con movilidad reducida y control de aforos para evitar saturaciones en momentos de máxima afluencia. Estos recorridos integran las propuestas mencionadas anteriormente y permiten un uso tanto para locales como para turistas internacionales.

Por su ubicación remota y el perfil del turismo que atrae el país —viajeros de aventura, a menudo interesados en la caza del Marco Polo—, **Yamchun** proyecta un desarrollo turístico internacional ligado a la aventura y al *trekking*, combinado con experiencias comunitarias: "degustación" de una pobre gastronomía local pero de la que están orgullosos, demostraciones artesanales y un mercado periódico en la ciudadela que evoque su función histórica. Ofrecer el fuerte y su entorno como parada y fonda para viajeros cansados parecía obligado, añadiendo además un recorrido interpretativo por la historia de la Ruta de la Seda en la región, abarcando el período Saka o greco-bactriano (siglo III a.C.), el Imperio Kushán (siglos I-III d.C.), la expansión del islam y el redescubrimiento europeo de la fortaleza. Para los tayikos, esta es una de las zonas turísticas estivales. La presencia de otros atractivos en el entorno, como las fuentes termales de Bibi Fátima, asociadas a leyendas locales, contribuye a que que Yamchun se integre entre los principales puntos de visita y disfrute. Siguiendo el consejo del gobierno, se establecieron como actividades no permanentes exhibiciones de danzas y músicas tradicionales, tiro con arco, cetrería o paseos a caballo con especies autóctonas.

En la **Citadelle Henry**, la propuesta turística amplía todo lo mencionado anteriormente con la narración de la historia de Haití y su independencia. Se plantea un amplio museo en la Batería Royale y la Batería de la Princesa donde se exponga la colección de más de 160 cañones de hierro y bronce que se conservan junto con su munición. Se incluyen, además, una oficina de información, zonas de restauración e incluso un espacio con fines habitacionales para permitir a los visitantes vivir la experiencia de pernoctar en la fortaleza.

El paisaje desde las fortalezas y hacia las fortalezas, en los tres casos, ha sido un aspecto fundamental, se han incorporado miradores, plataformas, y adecuado torres para poder admirar el paisaje natural que rodea cada fortificación.

## Actuaciones previstas, reparar y adecuar ante un futuro incierto

Las fortalezas históricas, testigos de múltiples épocas y usos, afrontan hoy un contexto marcado por su propia degradación: el cambio climático, la presión turística y la transformación del entorno social y económico. Conservarlas no significa únicamente detener su deterioro, sino anticipar los riesgos que amenazan su integridad y garantizar su papel como referentes culturales y motores de desarrollo local.

Las actuaciones previstas se orientan, por tanto, a reparar y adecuar estas construcciones para que puedan resistir el paso del tiempo con dignidad y la exposición a fenómenos naturales cada vez más extremos, adaptarse a nuevas normativas de accesibilidad y seguridad, y a acoger usos contemporáneos sin perder autenticidad. Este enfoque combina la restauración patrimonial con estrategias de gestión dinámica, desde el refuerzo estructural y la mejora de infraestructuras hasta la definición de planes de uso compatibles con la vida comunitaria y el turismo sostenible.

*Página siguiente:*
**Restos de cañones y balas de cañón que se proponen para ser mostrados como parte de la identidad de la Citadelle Henry y de la historia reciente independiente de Haití.**

Los tres casos analizados cuentan con el respaldo del Banco Mundial, que impulsa estas intervenciones al reconocer en ellas un motor para la economía local. Se trata de regiones clasificadas como en vías de desarrollo, donde tanto la ejecución de las obras como los usos previstos tras su rehabilitación contribuirán a dinamizar la actividad económica y, al mismo tiempo, a acercar a la sociedad a su propia historia, reforzando su identidad y sentido de pertenencia.

Fort George acomete una rehabilitación integral concebida como un proyecto unitario que avanza en varias etapas complementarias. En primer lugar, la actuación más necesaria y que conllevó una dura tarea de negociación y convicción del gobierno local fue la demolición, desmontaje y limpieza de la proliferación de construcciones del siglo XX, carentes de valor histórico y funcional, que ocultaban la lectura del conjunto. En paralelo, se acometió la restauración de murallas y galerías, preservando las técnicas y materiales tradicionales que dan identidad al fuerte. La recuperación de los edificios históricos existentes, con la consolidación de su estructura y de los detalles constructivos, permitieron devolver a cada espacio su carácter original. Para responder a las necesidades del uso turístico, se levantaron discretas edificaciones de apoyo —como baños, una oficina de venta de billetes y un pequeño bar con terraza—, integradas de forma respetuosa en el entorno. Finalmente se pavimentó el conjunto respetando los pavimentos originales y se añadieron pavimentos verdes en el resto de las zonas, se ejecutaron nuevas estructuras (rampas y pasarelas) para permitir un acceso casi "normativo" y una iluminación monumental para convertir al fuerte también en un referente en el paisaje durante la noche.

En la restauración de las murallas y galerías destaca el carácter artesanal de los trabajos, ejecutados siguiendo técnicas constructivas tradicionales. Se tallaron sillares para reconfigurar o reconstruir más de 650 metros de impostas, además de recuperar tramos de muralla gravemente deteriorados y rehacer arcos y bastiones.

**Muestra del estado de abandono de Fort George previo a la intervención, donde resaltan edificios en ruinas, la colonización de vegetación y una pátina negra consecuencia de humedad junto con suciedad que afecta todo el conjunto.**

Se reutilizó mucha piedra —inaprovechable para su función original—, lo que permitió reconstruir la muralla con materiales autóctonos, empleando únicamente mortero de cal para el rejuntado e inyecciones de consolidación. El equipo de Colombia fue fundamental, su experiencia previa en Cartagena de Indias y en otras muchas obras, junto con su buen hacer, fue clave en la formación de los artesanos locales y en la guía de todo el proceso de restauración.

La retirada de la vegetación arbórea y superficial representó otro gran esfuerzo. Tras su eliminación mediante herbicidas y fungicidas se aplicó en parapetos e impostas un revestimiento de polisiloxano con el fin de inhibir o, al menos, ralentizar el rebrote, facilitando así las labores de mantenimiento a largo plazo.

El ingenio local apareció de manera fundamental en la adaptación y montaje de los medios auxiliares, en particular en el sistema de andamiaje, cuya implantación resultó especialmente compleja. La condición insular limitaba el suministro de materiales y equipos, mientras que las grandes dimensiones de la muralla y la irregularidad del terreno circundante dificultaban asegurar la estabilidad necesaria para el desarrollo de los trabajos. Mucha altura, mucho perímetro y muy pocos medios (por no haber no había ni una grúa) parecían anunciar un duro camino, pero soluciones que a veces atentaban a las reglas de la estática y que ningún coordinador de seguridad hubiera nunca aprobado (emplear los cañones como contrapeso) hicieron que todo fuera posible.

La recuperación de los edificios se llevó a cabo con madera, fábricas y tejas cerámicas de cola de pez como materiales principales. Los huracanes obligaron a un anclaje específico de las cubiertas a los grandes muros de fábrica.

Ejemplo de paño de muralla ya retirada la vegetación, la suciedad que no pátina y retirada una intervención previa poco acertada ejecutada con mortero de cemento. El muro ha sido rehabilitado recuperando las áreas dañadas, mediante inyecciones, reposición del material perdido y rejuntado con mortero de cal. Asimismo, se ha rehecho completamente la imposta, tallada a mano in situ, y se han aplicado polisiloxanos para impermeabilizar las zonas de principal escorrentía.

Andamios en zonas de fuerte pendiente para posibilitar rehabilitar paños completos de muralla.

No es una obra que haya requerido de un gran volumen de materiales, pero sí de una gran variedad de los que, por cierto, salvo alguna roca, ninguno se podía encontrar en la isla, lo que la ha convertido en una odisea logística. Las tejas proceden de China, el acero de Estados Unidos, la madera de Alemania (tratada en autoclave en el Reino Unido) y la teca de Brasil, entre otros orígenes.

Todo el material llega por vía marítima, condicionado por las dimensiones de los contenedores, empleándose TEU (contenedores de 20 pies o 6 metros) en la mayor parte de los casos, pero requiriéndose el uso de contenedores FEU (40 pies o 12 metros) para poder albergar el cargamento de madera C-24 utilizado en forjados y cubiertas.

Adicionalmente, está el clima, los 214 días de lluvia anuales que registra Granada, el paso del huracán Beryl —de categoría 5, con vientos sostenidos superiores a 250 km/h—, la cabezonería de la policía —que tardó dos años en trasladar sus oficinas en el fuerte a un edificio en el muelle de la capital–, la celebración anual del memorial de Maurice Bishop, han dificultado el cumplimiento de los plazos inicialmente previstos para la finalización del proyecto. Estos hechos, sumados al desajuste del flujo de caja generado por un volumen de importación tan elevado y a la falta de puntualidad en el pago de certificaciones, han puesto en riesgo financiero la obra en varias ocasiones.

Fachada de los barracones restaurada con cubierta de madera y teja de cola de pez en proceso de ser completada. El sistema de ventanas, contraventanas y puertas, todavía por instalar, será de madera de teca, elegida por su resistencia al ambiente marino.

En la **Fortaleza de Yamchun** las obras propuestas se han articulado en torno a tres ejes fundamentales: la estabilización geotécnica del entorno, la consolidación estructural del conjunto fortificado y la incorporación de elementos que faciliten su entendimiento y uso futuro.

La estabilización de la ciudadela superior se propone mediante la creación de cinturones perimetrales en varios niveles que unen el estrato aluvial donde se asienta la fortaleza con la roca metamórfica subyacente. Esta operación se realizará mediante anclajes y muros de gaviones que protegen frente a la erosión y evitan futuros descalces. Además, se propone un sistema de control de cárcavas a lo largo de las principales limahoyas del terreno circundante, basado en la instalación de barreras de madera local entrelazada y anclada con elementos metálicos, recordando las protecciones estáticas implementadas para la contención de avalanchas. Ambas actuaciones resultan esenciales para reducir el riesgo de deslizamientos que podría comprometer la integridad del conjunto.

La consolidación de la ruina se ha centrado en mejorar su comportamiento sísmico, rigidizando los elementos que ya eran rígidos y flexibilizando los que eran flexibles. De esta manera se alejaban de la meseta del espectro de respuesta. Para ello se aprovecha la incorporación de una escalera de caracol en el interior de las torres que sirve de mirador para los turistas para rigidizar la estructura, mientras que los muros son tratados con mortero de cal, definiendo el espesor en cada tramo más adecuado para conseguir ampliar el periodo de vibración y posicionar así los muros en una posición de menor aceleración dentro del espectro.

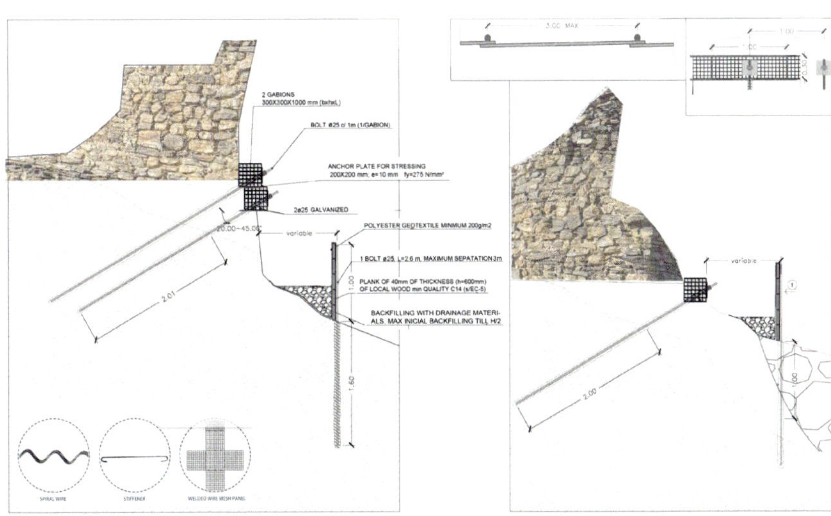


**Estabilización mediante dos niveles de atado y pantallas de madera para el control de la erosión en el nivel superior de la fortaleza de Yamchun.**

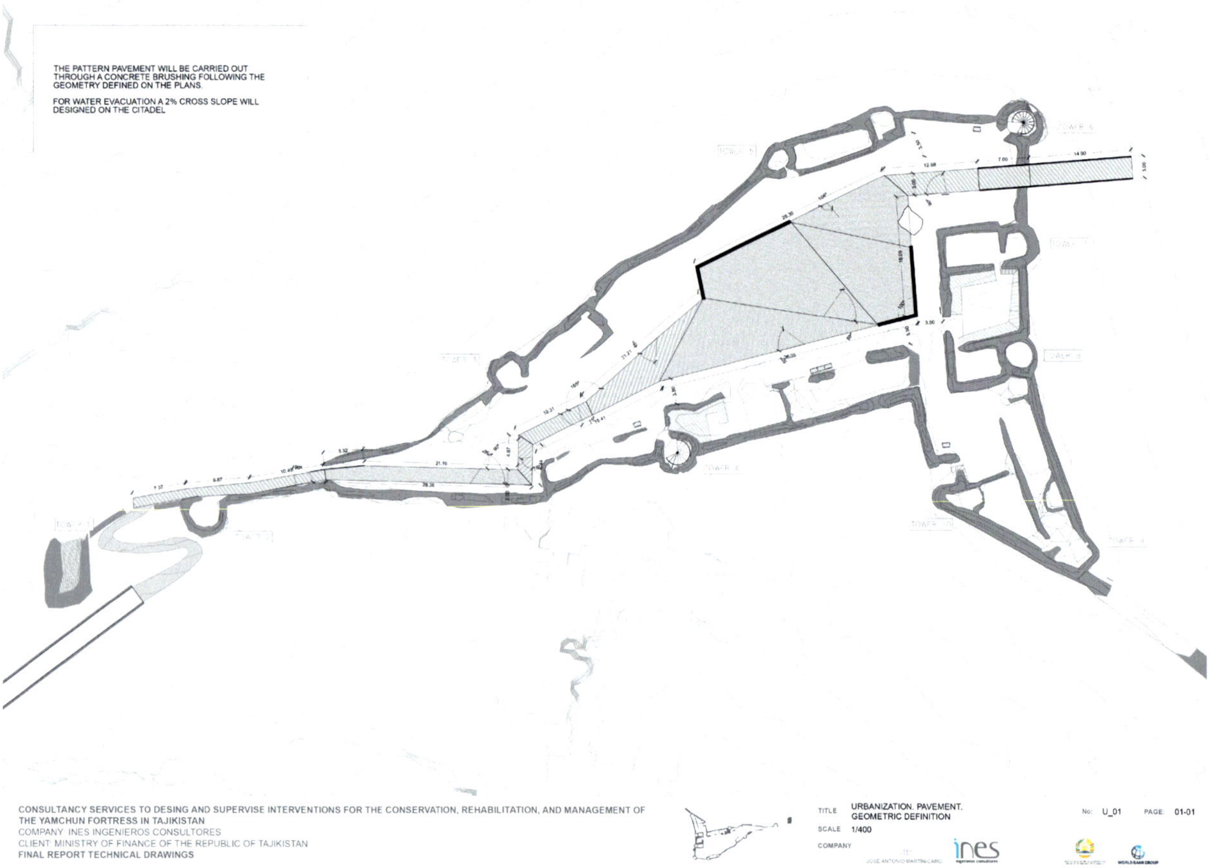

THE PATTERN PAVEMENT WILL BE CARRIED OUT THROUGH A CONCRETE BRUSHING FOLLOWING THE GEOMETRY DEFINED ON THE PLANS.
FOR WATER EVACUATION A 2% CROSS SLOPE WILL DESIGNED ON THE CITADEL
CONSULTANCY SERVICES TO DESING AND SUPERVISE INTERVENTIONS FOR THE CONSERVATION, REHABILITATION, AND MANAGEMENT OF THE YAMCHUN FORTRESS IN TAJIKISTAN
COMPANY: INES INGENIEROS CONSULTORES
CLIENT: MINISTRY OF FINANCE OF THE REPUBLIC OF TAJIKISTAN
FINAL REPORT TECHNICAL DRAWINGS
TITLE URBANIZATION. PAVEMENT. GEOMETRIC DEFINITION
SCALE 1/400
COMPANY
ines
No: U_01
PAGE: 01-01

Elastic response spectrum
ESTRUCTURAS RÍGIDAS
ESTRUCTURAS FLEXIBLES
TORRES
MUROS
Sg [g]
T [s]
$T_B$
$T_C$
$T_D$

Pavimentación, bancos, barandillas y tótems informativos como elementos de urbanización, cubrimiento de estancias y escaleras en las torres, así como una gran plataforma en voladizo a modo de miradores hacia el valle del Pamir.

Estrategia para la mejora del comportamiento estructural frente a la acción sísmica, mediante la rigidización de las torres y flexibilizando de los muros con una labor de consolidación en el caso de la fortaleza de Yamchun.

Para devolverle su significado y un uso futuro a la fortaleza se han implementado cinco ideas: darle una mínima accesibilidad, generar dos zonas cubiertas a cobijo de la intemperie, crear un espacio o plaza central para eventos estacionales, dotar al monumento de puntos de observación y, finalmente, recuperar el trazado de la muralla original de los niveles inferiores de una forma simbólica.

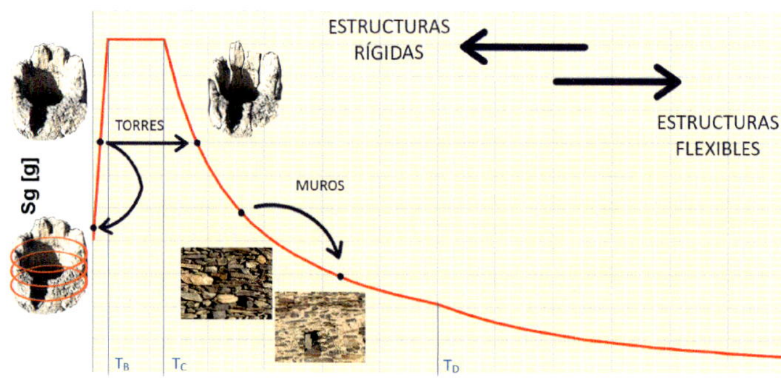

Catalogada como Patrimonio de la Humanidad, la Citadelle Henry requiere, si cabe, una mayor garantía de conservación. Amenazada por el deterioro derivado del terremoto de 1842, presenta dos baterías que no resistirían un nuevo embate sísmico, por lo que su intervención se considera urgente.

Las numerosas cicatrices existentes deben de ser cosidas y, además, los forjados perdidos deben de ser recuperados para recuperar también los diafragmas y devolver el monolitismo a la construcción. La planta asimétrica no ayuda, tampoco la masividad del conjunto, todo ello anuncia un mal comportamiento sísmico pero, como le explicamos al cliente, es algo con lo que tenemos que aprender a convivir.

La elevada humedad de la zona, la incompletitud de sus cubiertas y del sistema de drenaje, junto con la proximidad al mar y, por tanto, a un ambiente salino, han provocado un deterioro acelerado. Este se evidencia tanto en los paramentos exteriores como en las zonas interiores, donde se observan humedades persistentes, proliferación de musgo y vegetación, pérdida de material de junta e incluso de ladrillos. Por tanto, hay que corregir y proteger de manera intensiva los paramentos y las fábricas del conjunto. Recuperar las cubiertas es también una buena idea,

**Frontal de la Citadelle Henry mostrando la Batería Coidavid en la que pueden observarse las grietas ocasionadas por el terremoto de 1842 que interiormente han hecho que se pierdan 2 niveles de forjados completos y un tercer nivel quede fuertemente afectado, poniendo en riesgo su estabilidad.**

pero uno de los principales orígenes de los problemas durables, resulta ser al tiempo uno de los principales atractivos. Las bóvedas de cubierta que no cuentan con su relleno y capa de terminación, permiten al visitante tener una vista privilegiada de la conformación de estas estructuras que normalmente no es visible, resaltando la configuración estructural seguida para el posicionamiento y posibilidad de cambio de orientación de los cañones. Para evitar los problemas de penetración de agua y al tiempo, permitir el disfrute del testimonio arquitectónico e ingenieril, se ha propuesto un cerramiento transparente. Soluciones equivalentes, se proponen para los patios y para todas las aberturas en paramentos verticales.

La colección de artillería que perdura intacta junto con el vínculo a la historia de independencia del país y los elementos de identidad territorial antes destacados, son los que determinan el desarrollo de un museo donde exponerlos de manera ordenada y la definición de un itinerario de visita que permita sacar el máximo partido al tiempo, que limitar las estancias accesibles y que requerirán un mayor mantenimiento.

**Cubiertas sin finalizar mostrando las bóvedas de fábrica a falta de los rellenos y la superficie transitable superior, que genera grandes problemas de percolación de agua de lluvia.**

# LA CIUDADELA DE ERBIL Y EL FUERTE AL FAHIDI

DOS MONUMENTOS, DOS HISTORIAS

## DOS MONUMENTOS, DOS HISTORIAS

Hablar de la conservación del patrimonio construido en Oriente Medio en nuestra experiencia es entrar en un territorio de contrastes. En pocas regiones del mundo se encuentran, en un radio de apenas 2000 kilómetros, situaciones tan radicalmente distintas en cuanto a historia, condiciones materiales, estabilidad política y capacidad técnica para abordar la rehabilitación de un monumento. La Ciudadela de Erbil, en el norte de Irak, y el Fuerte Al Fahidi, en Dubái, constituyen un ejemplo perfecto de ese contraste.

Imagen aérea de Erbil en 1979. Desde el siglo VI a. C., se ha edificado sobre los restos acumulados de las épocas pasadas. La superposición continua de casa sobre casa ha dado lugar a un montículo que alcanza unos treinta metros de altura.

La Ciudadela de Erbil representa la memoria sedimentada de seis milenios de ocupación humana. Es un montículo artificial, un tell, construido con los restos de civilizaciones que se sucedieron una sobre otra hasta conformar un volumen de treinta metros de altura coronado por edificaciones. Su silueta domina la ciudad moderna como una isla de adobe y ladrillo que resiste el paso del tiempo. La antigua Arbela asiria ha sido, según diversas fuentes, el asentamiento más antiguo continuamente habitado. En 2014 la UNESCO la incluyó

**en la lista de Patrimonio Mundial, y pocos años antes había confiado a INES Ingenieros la rehabilitación de varios de sus edificios más representativos. El contexto no podía ser más adverso: un país en guerra, instituciones debilitadas, limitaciones logísticas, un suelo complicado y un riesgo sísmico elevado. La intervención tuvo que plantearse con una premisa de partida clara: convivir con el riesgo y actuar con la mínima intrusión posible para no comprometer ni el sustrato arqueológico ni la autenticidad material de las construcciones.**

**Al Fahidi Fort, por el contrario, se levanta en el corazón de Dubái, junto a la ría, en un entorno urbano que ha experimentado una transformación vertiginosa en las últimas décadas. El fuerte es el edificio en pie más antiguo de la ciudad, construido a finales del siglo XVIII como instalación defensiva, convertido después en residencia, arsenal y prisión y, desde 1971, sede del Museo de Dubái. Si Erbil representa la permanencia a pesar de la adversidad, Al Fahidi encarna la voluntad de una comunidad por reconectar con sus raíces en medio de la modernización acelerada. Aquí el contexto fue el opuesto: abundancia de medios, respaldo institucional sólido y un cliente deseoso de innovación tecnológica. El reto no fue sobrevivir con lo mínimo, sino integrar un monumento histórico en un complejo museográfico contemporáneo de gran escala, garantizando al mismo tiempo su estabilidad estructural y su autenticidad patrimonial.**

~

Esta dualidad —la precariedad y la abundancia, la necesidad de actuar con prudencia extrema y la oportunidad de ensayar soluciones avanzadas— da forma al hilo conductor de este capítulo. Pero lo que lo hace especialmente interesante para los técnicos es que, más allá de los contrastes, en ambos casos se persiguió el mismo objetivo: asegurar la continuidad del monumento como símbolo de identidad colectiva. La ingeniería y la arquitectura se convierten aquí en disciplinas mediadoras entre pasado y futuro, capaces de aceptar limitaciones, dialogar con materiales tradicionales y, cuando procede, apoyarse en la tecnología más avanzada.

En la ciudadela iraquí, los suelos antrópicos blandos, los taludes en equilibrio estricto y el riesgo sísmico obligaron a diseñar para la estabilidad y no para la resistencia. Las soluciones pasaron por reforzar coronaciones, introducir cosidos discretos y asegurar uniones entre muros y cubiertas, aceptando la aparición de daños, pero evitando el colapso. En Dubái, en cambio, el fuerte se convirtió en soporte de un nuevo museo subterráneo, con excavaciones profundas, apeos complejos y un despliegue de monitorización sin precedentes: escaneo 3D, sensores de vibración y humedad, control piezométrico y protocolos de alerta temprana.

Cubiertas tradicionales de la Ciudadela en los años 70. Las viviendas se articulan en torno a cubiertas planas o abovedadas de adobe y petos de ladrillo crudo. Además de su función estructural y de drenaje pasivo, estas cubiertas cumplían un uso estacional esencial: durante las noches estivales, se acondicionaban como espacios de estancia y descanso. Este sistema híbrido de protección, drenaje y habitabilidad refleja la adaptación climática propia de la arquitectura tradicional de tierra en climas semiáridos.

# La ciudadela de Erbil

## Contexto histórico y patrimonial

Pocas ciudades en el mundo condensan en tan poco espacio físico una historia tan larga como Erbil, hoy día la tercera ciudad de Irak. Situada en la región del Kurdistán iraquí, ha sido habitada de forma continua durante más de seis mil años, lo que la convierte en uno de los asentamientos urbanos más antiguos de la humanidad. En el centro de la ciudad moderna se eleva la ciudadela, un promontorio artificial conocido como tell, formado por la superposición de restos de viviendas y fortificaciones que, a lo largo de los siglos, fueron colapsando y sirviendo de base a nuevas construcciones. Ese lento proceso ha dado lugar a una colina de unas 15 hectáreas y treinta metros de altura, con un perímetro amurallado de planta ovalada y taludes pronunciados de hasta 1H:1V, que domina el paisaje urbano.

El conjunto de 332 casas que corona el *tell* pertenece en gran medida al siglo XIX, aunque bajo sus cimientos yacen estratos arqueológicos mucho más antiguos: desde la tercera dinastía de Ur hasta las dinastías neoasirias, pasando por fases islámicas y mongolas. En el interior se articulan calles estrechas y viviendas organizadas en torno a patios con una organización en abanico que data de la fase otomana tardía.

En 2007 se estableció una comisión para la revitalización de la ciudadela y en 2014 la UNESCO inscribió la ciudadela en la lista de Patrimonio Mundial, reconociendo su valor universal excepcional como testimonio de la continuidad urbana. Ese reconocimiento se apoyó también en un proceso previo de intervención: en 2009, la UNESCO encomendó a INES Ingenieros la rehabilitación de ocho edificios representativos con el objetivo de frenar el deterioro, devolverles cierta habitabilidad y sentar las bases para un plan integral de conservación. Para entonces la ciudadela había sido desalojada de habitantes en 2004, excepto por una familia que siguió habitando el sitio. El trabajo debía realizarse en un contexto de inestabilidad política, con limitaciones logísticas y bajo la presión constante de la degradación.

Ese punto de partida confiere a Erbil un interés particular. Aquí no se trata solo de restaurar fachadas o recuperar espacios interiores, sino de decidir hasta dónde intervenir en un organismo urbano vivo y extremadamente frágil. La pregunta central era cómo garantizar un mínimo de seguridad estructural en un lugar donde las condiciones del suelo y el riesgo sísmico hacen imposible aplicar las prescripciones habituales de la normativa actual.

## Entorno geotécnico y sísmico

El *tell* sobre el que se asienta la ciudadela no es una colina natural. Es el producto de la acumulación antrópica de restos constructivos y rellenos durante milenios. Excavaciones parciales y estudios geotécnicos han permitido caracterizarlo como un terreno de matriz limoarcillosa con abundantes fragmentos de adobe, ladrillo y piedra, dispuestos de manera aleatoria y sin una estructura geológica ordenada. Se trata, por tanto, de un terreno heterogéneo, blando y con propiedades mecánicas muy variables de un punto a otro.

Desde el punto de vista de la ingeniería, ese tipo de suelos es una pesadilla: baja capacidad portante, alta compresibilidad y una fuerte dependencia de las condiciones de humedad. Los cambios en el nivel freático o las filtraciones pueden provocar asentamientos notables y pérdidas súbitas de resistencia. Además, la presencia de materiales deleznables, como el adobe disgregado, aumenta la vulnerabilidad frente a la erosión y la licuefacción en caso de terremoto.

A esta fragilidad intrínseca se suma un factor determinante: la sismicidad. La región de Zagros es una de las más activas del Oriente Próximo. Crónicas históricas registran terremotos de intensidad VIII a IX en la escala de Mercalli, capaces de causar daños generalizados en construcciones de tierra. El propio *tell*, con sus treinta metros de potencia de rellenos blandos, actúa como un estrato de amplificación que incrementa los desplazamientos en superficie. Dicho de otro modo: las construcciones situadas en la coronación de la ciudadela no solo están hechas de materiales poco resistentes, sino que se asientan sobre un terreno que magnifica los efectos de los sismos.

En estas condiciones, aplicar al pie de la letra los criterios del diseño sísmico de los códigos modernos carece de sentido. Ni es posible garantizar los niveles de seguridad que exigiría una normativa europea, ni sería compatible con la preservación arqueológica introducir cimentaciones profundas, pilotes, micropilotes o anclajes al terreno que alterarían la estratigrafía. El único enfoque realista consistía en aceptar que el riesgo no podía eliminarse y que la intervención debía orientarse

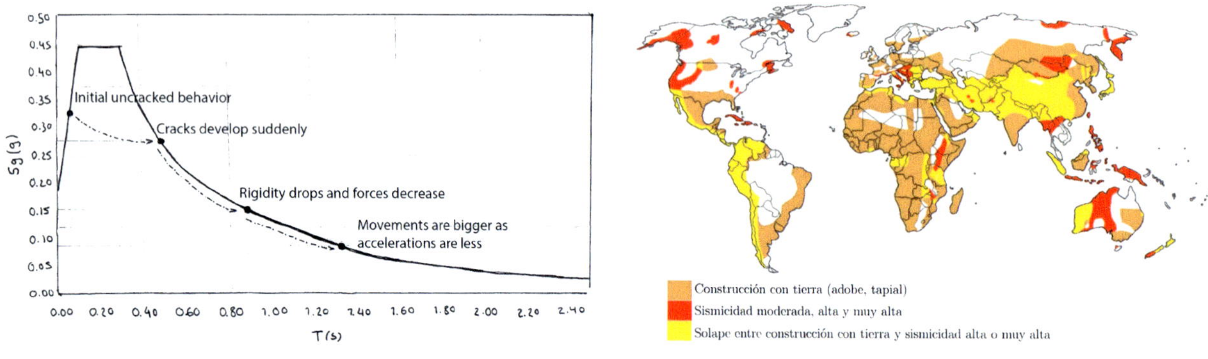


a mejorar la estabilidad de las construcciones, reducir la probabilidad de colapso y permitir una recuperación compatible después de un evento sísmico.

Mirando con perspectiva global, las casas de adobe son ampliamente utilizadas en la construcción moderna en los países en desarrollo y se encuentran en edificios históricos, principalmente del siglo XIX. La geografía de la construcción de adobe y el riesgo sísmico tienen mucho en común, por lo que el desempeño de tales casas se ha estudiado en profundidad.

Durante los terremotos fuertes, debido a su gran masa, estas estructuras pueden llegar a experimentar fuerzas sísmicas importantes y fallan de forma frágil. Los terremotos de 2001 en El Salvador, con más de 1100 casas de adobe colapsadas; o en el sur de Perú ese mismo año, que causó la destrucción de casi 25 000 casas de adobe, son claros ejemplos. El triángulo Mosul-Erbil-Kirkuk define un área de importante actividad, a juzgar por los daños observados históricamente. La clasificación de la ciudad de Erbil en la escala modificada de Mercalli es de IX, respecto a un máximo de XII.

**Planteamiento esquemático del análisis del comportamiento sísmico de las estructuras de fábrica y de tierra. En el espectro elástico de respuesta, las estructuras más rígidas se sitúan en la zona izquierda y las más flexibles en la derecha, mientras que el eje vertical representa la intensidad de la aceleración sísmica. Los mecanismos dúctiles —el aspecto más relevante— asociados a la fisuración progresiva y a los desplazamientos de gran amplitud reducen la demanda sísmica efectiva y contribuyen a preservar la integridad global de la estructura.**

**Distribución en el mundo de la construcción con tierra (marrón), de las zonas con sismicidad moderada (rojo) y zonas donde se dan ambas circunstancias a la vez (amarillo). El Kurdistán iraquí se encuentra en esta última categoría.**

Pero trabajar en Erbil significaba mucho más que enfrentarse a suelos blandos y riesgo sísmico. El día a día estaba lleno de obstáculos inesperados que ponían a prueba la paciencia y la capacidad de adaptación del equipo. El primer desafío llegó con la maquinaria de geofísica: cables interminables, maletas de equipos electrónicos y, sobre todo, un panel con botones rojos que despertaba todas las sospechas en los controles de los aeropuertos. Aunque contábamos con permisos en regla, cruzar la aduana se convirtió en una odisea; hubo que emplear nuestro mejor inglés y talante hasta convencer a las autoridades de que no transportábamos nada peligroso.

EL PAÍS SEMANAL

Viajar tampoco era sencillo. Había vuelos directos a Erbil desde Estambul o Ammán, pero todos salían de madrugada. A las tres de la mañana despegábamos hacia un destino lejano que, pese a todo, suponía un alivio frente a la alternativa de pasar por Bagdad. Al llegar, la sensación era la de entrar en una ciudad de retaguardia en zona de guerra: controles en los accesos, cortes de luz frecuentes y la certeza de que nada funcionaba como en otros lugares.

Contratar personal local fue otra odisea. En España, quienes se planteaban viajar a Irak lo hacían con el planteamiento de quien se va a una guerra, y, en consecuencia, pedían condiciones desorbitadas. En Erbil la oferta era escasa, salvo por un hallazgo que resultó providencial: Van Azad, una arquitecta iraquí a la que todavía hoy recordamos con afecto y como nuestro mejor fichaje. Su incorporación no fue fácil. El primer día, los representantes del organismo de tutela local intentaron echarla de la reunión simplemente por ser mujer. Con el tiempo, su profesionalidad y firmeza terminaron por imponerse, convirtiéndose en una pieza esencial del proyecto.

A estas tensiones se sumaba el clima. En verano las temperaturas alcanzaban los cincuenta grados, un calor que parecía derretir no solo los edificios sino también los ánimos. La vida diaria se organizaba en torno a la electricidad, que desaparecía por las tardes, y a una logística marcada por controles en hoteles, edificios oficiales y aeropuertos.

Con todo, la experiencia trascendió el ámbito técnico y alcanzó a los medios. Un reportaje en *El País* (abril de 2012) retrató al equipo y la ciudadela, proyectando hacia el exterior la magnitud del reto técnico y logístico, cosa que nos alegró, pues pocas veces se habla en ellos de la profesión y no siempre bien.

**Portada de El País Semanal de abril de 2012 bajo el título "Erbil, la ciudad de los 8000 años". Entre otros temas relatan los trabajos de campo del proyecto que describimos aquí.**

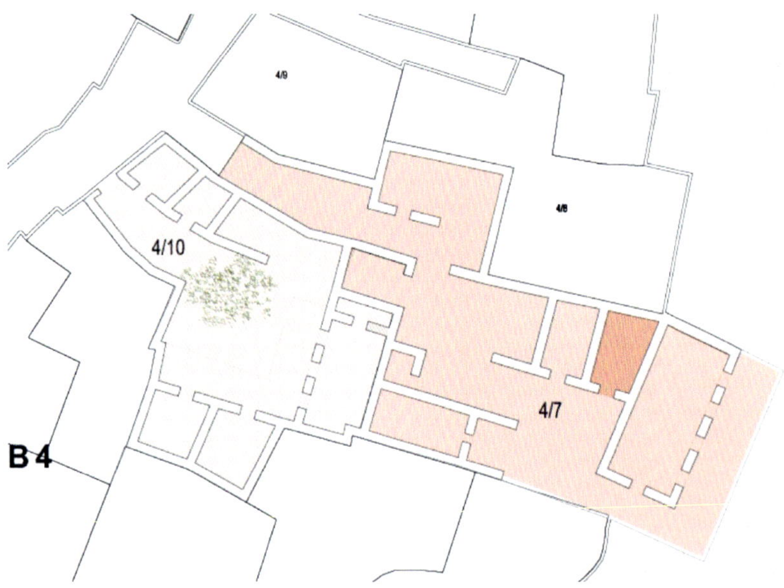

## Arquitectura y daños

La arquitectura doméstica de la ciudadela refleja un modo de vida adaptado al clima y a los materiales locales. Las casas se organizan en torno a patios interiores que proporcionan ventilación y luz y presentan en muchos casos galerías porticadas en planta baja.

Los muros son de adobe o ladrillo, con espesores considerables que les confieren inercia térmica y confort ambiental. Los forjados y cubiertas se resuelven con vigas de madera sobre las que se disponen capas de cañizo y mortero. La ornamentación, hoy muy perdida, incluía molduras, nichos y en algunos casos inscripciones o capiteles de yeso.

Cuando comenzaron los trabajos de rehabilitación, muchas viviendas presentaban un estado de ruina avanzada. Se habían perdido las plantas superiores, las cubiertas estaban colapsadas y los muros mostraban distintos grados de deterioro.

Planta y fotografías de uno de los edificios analizados. Grupo1. Casas 4.7 y 4.10.

Los problemas estructurales más frecuentes eran, primero, el vuelco fuera del plano de los muros exentos o solo parcialmente conectados a los forjados o a otros muros de arriostramiento. Al no trabajar en conjunto, cada paño quedaba expuesto a inestabilidades y vuelcos locales. El segundo tipo de daño eran las grietas diagonales en las esquinas de los huecos de ventanas

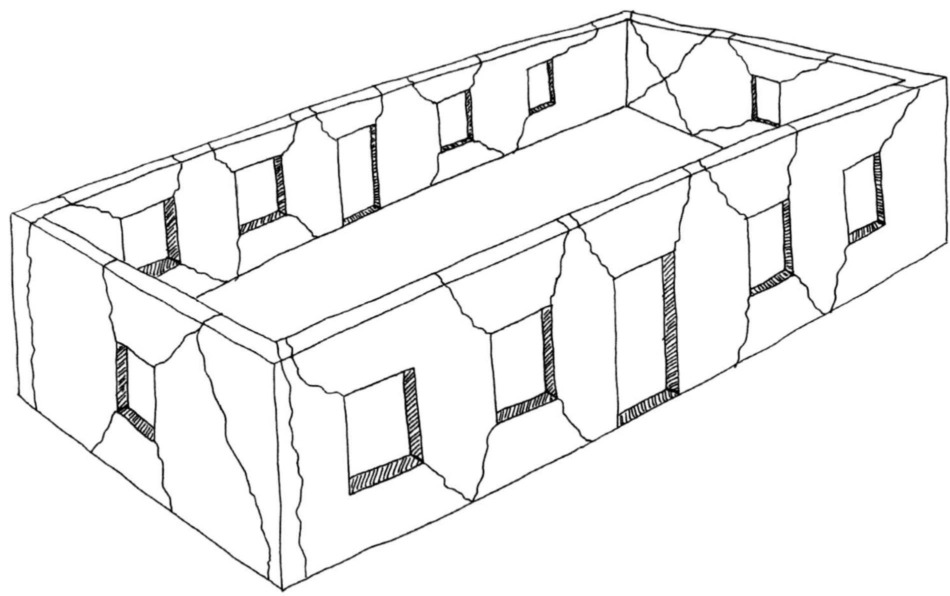

y puertas, resultado de esfuerzos de corte durante movimientos sísmicos o asentamientos diferenciales. Un tercer problema era la separación de hojas en muros compuestos por dos capas de adobe, donde la falta de conexión interna transformaba una pared masiva en dos láminas delgadas sin posibilidad de colaboración. Por último, en la periferia del tell se observaban situaciones especialmente críticas: casas cuyas cimentaciones quedaban literalmente suspendidas sobre taludes erosionados, en equilibrio precario.

Todos estos daños deben entenderse en el contexto del modo general de fallo de una construcción de adobe ante la acción sísmica: el colapso solo es posible si el edificio se separa en piezas aisladas que pueden girar una con respecto a la otra. Este es el modo de fallo característico de las construcciones de fábrica y tierra, por inestabilidad y no por agotamiento de la resistencia de los materiales. Tener esto en cuenta ayuda a comprender las medidas correctivas que serán más efectivas.

Más allá de las patologías puntuales, el conjunto presentaba un deterioro funcional: las cubiertas perdidas habían expuesto los muros a la intemperie, acelerando la erosión, y la desaparición de los entramados de madera había eliminado la función de cosido y reparto que esas piezas ejercían en origen. El diagnóstico era claro: sin medidas urgentes, la ciudadela corría el riesgo de un colapso progresivo que hubiera comprometido su autenticidad.

**División de una construcción semifrágil (materiales sin resistencia a tracción) en bloques inestables articulados entre sí por efecto de fuerzas sísmicas de corte.**

## Estrategia de intervención

Ante ese panorama, la estrategia adoptada se fundamentó en un principio: priorizar la estabilidad global y la compatibilidad material por encima de la resistencia entendida en términos normativos. En construcciones de tierra, los modelos lineales que estiman fuerzas sísmicas suelen sobredimensionar la acción, porque no tienen en cuenta que la fisuración reduce la rigidez y, con ello, la demanda sísmica. Diseñar como si se tratara de un edificio de hormigón sería inútil. Lo que se buscaba era controlar los mecanismos de daño para evitar colapsos frágiles y facilitar reparaciones posteriores.

**Van e Illán, mano a mano midiendo el patio de la casa 30.5, grupo 6.**

Además, otro aspecto que complicaba la intervención era el hecho de que las casas hayan sido tan fuertemente alteradas, pues hace que el diseño original no siempre sea visible, por lo que se precisaba una inspección a fondo y una

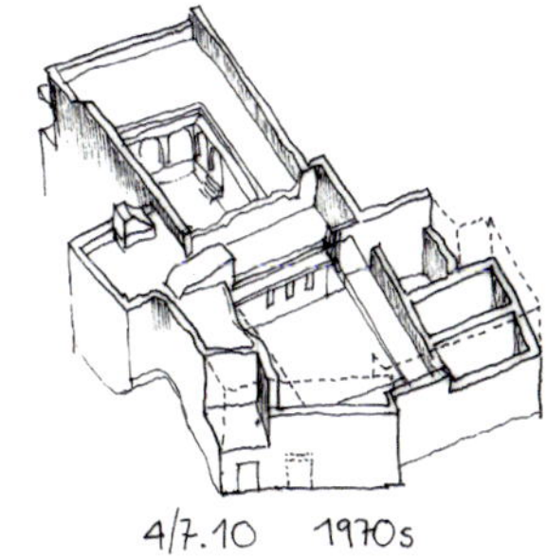


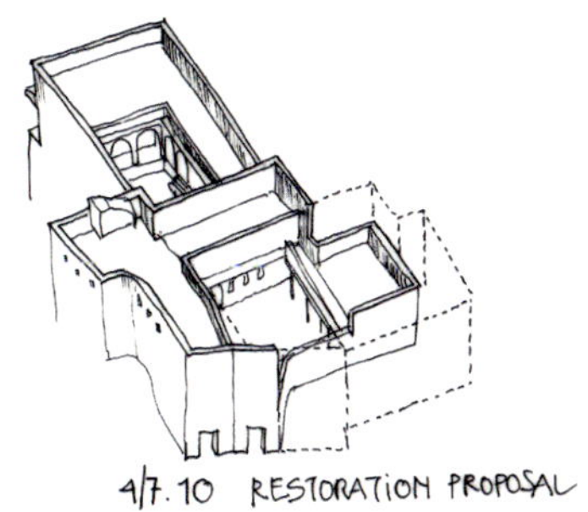

investigación documental para discernir cuál era el diseño antes de la expansión demográfica de 1975. Definir la imagen y fisonomía que se quería recuperar en cada edificio, en definitiva, qué momento histórico y constructivo se quería recuperar en cada caso, fue tarea primordial.

Para ello, se llevó a cabo una investigación arquitectónica que se centró en evaluar las pruebas restantes de su arquitectura original y la comprensión del desarrollo de los edificios y de los cambios a lo largo del tiempo. Esto permitió comprender qué es original y por qué y, a su vez, conocer los volúmenes y distribución de "las piezas" que faltan.

La intervención se centró en varios frentes. En primer lugar, se reforzaron las coronaciones de los muros con vigas de madera que actuaban como elementos de atado, cosiendo paños y limitando su tendencia a volcar fuera del plano. En segundo lugar, se introdujeron cosidos verticales discretos mediante varillas de fibra de vidrio insertadas en el núcleo de los muros y fijadas con inyecciones de cal. Estas varillas se tensaban ligeramente, en el orden de tan solo 10 kN/m2, lo suficiente para aumentar la compresión media y con ello la resistencia a corte, pero sin generar elementos excesivamente rígidos. En tercer lugar, se reforzaron las uniones entre muros y cubiertas, asegurando

Columna con capitel decorado. La pieza incorpora añadidos de madera tallada con entrantes y resaltes, un motivo presente algunos de los pórticos de las viviendas históricas de la Ciudadela. Estos capiteles, característicos de la influencia otomana en la región, pertenecen a la carpintería culta de los siglos XVIII y XIX. Su presencia resultó fundamental para comprender la evolución arquitectónica de la Ciudadela.

Conjetura apoyada en indicios sobre la configuración de 1970 de la casa 4/7 y propuesta de restauración. El alzado suroeste muestra una edificación que ha sufrido transformaciones: volúmenes añadidos, compartimentaciones impropias y alteraciones que habían distorsionado la relación entre estancias y patio, así como la ventilación y los accesos.

Acceso tradicional en la Ciudadela, casa 19/4 del grupo 4, con una rica geometría y ornamentación en ladrillo crudo. La composición combina función y ornamento, y al mismo tiempo muestra los efectos de los asientos diferenciales y de los movimientos sísmicos, que generan deformaciones geométricas apreciables.

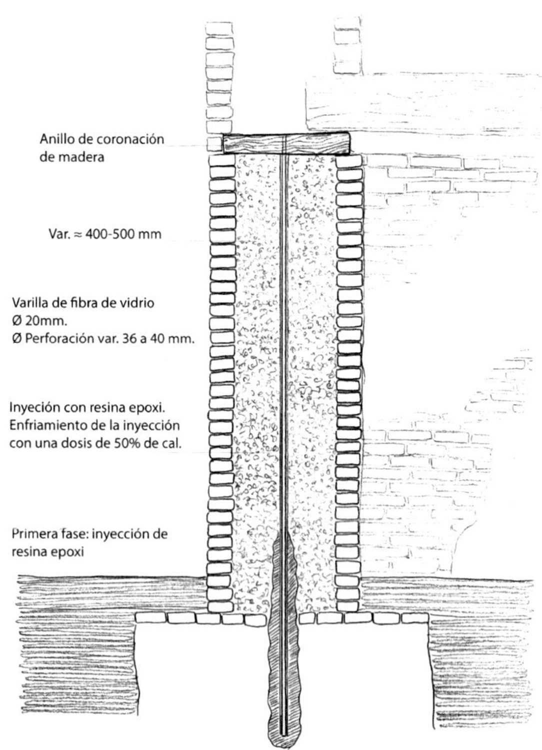


que el entramado de madera no se desplazara en caso de sismo y que actuara como diafragma flexible de reparto.

Estas medidas, aunque sencillas, tuvieron un efecto notable. No transformaron las casas en estructuras seguras en el sentido de un edificio contemporáneo, pero sí aumentaron de manera significativa la estabilidad postelástica: el edificio podía agrietarse, podía sufrir daños, pero difícilmente colapsaría de manera súbita. Se trataba de un diseño basado en la ductilidad y en la capacidad de absorción de energía por mecanismos controlados de fisuración.

La autenticidad patrimonial se preservó porque no se introdujeron elementos extraños ni se alteró la lectura arquitectónica. Las vigas de atado eran coherentes con la tradición constructiva, las varillas de fibra de vidrio quedaban ocultas y eran un añadido reversible, y las uniones mejoradas respetaban la lógica de los sistemas de madera. El resultado fue un compromiso entre un nivel de seguridad aceptable para la vida humana y para la conservación, sin sacrificar la esencia material ni la integridad arqueológica.

Poco antes de la llegada del DAESH a Mosul en junio de 2014 la misión de la UNESCO en la zona acabó súbitamente. Tanto el personal de la UNESCO como el de diferentes consultores y constructores extranjeros tuvimos que partir a nuestros países de origen. La sorpresa llego en 2018 cuando en una visita casi turística a la zona descubrimos que se habían llevado a cabo algunos de los proyectos que habíamos entregado en 2013. Fue una sorpresa muy agradable, de las que hacen que el trabajo merezca la pena.

## El fuerte Al Fahidi

### Historia y significado

**Sección esquemática de intervención en un muro de doble hoja y relleno encaminada a proveer ductilidad y monolitismo. Tras restaurar el muro con materiales y técnicas autóctonas, se pretensa ligeramente con varillas de ibra de vidrio y una tapa-anclaje de madera.**

En pleno corazón de Dubái, junto a la ría llamada Khawr Dubayy o el creek, se alza el fuerte Al Fahidi. A primera vista es un edificio modesto, rodeado por el torbellino de rascacielos y centros comerciales que caracterizan al emirato. Sin embargo, este fuerte es mucho más que un vestigio aislado: es la pieza construida más antigua que se conserva en la ciudad, testigo de su origen y de su evolución y, por tanto, motivo de orgullo nacional.

Construido a finales del siglo XVIII, mientras en Europa tenía lugar la Revolución francesa, Al Fahidi nació con una función defensiva. Sus muros de más de un metro de espesor, sus torres de esquina y su planta cuadrada lo sitúan en el linaje de las fortificaciones costeras de la región, destinadas a proteger la ciudad de incursiones tribales y ataques marítimos. Pero el fuerte no fue únicamente un bastión militar. A lo largo de su historia desempeñó múltiples usos: residencia de jeques, arsenal, prisión y, finalmente, símbolo de la administración colonial y del despertar identitario.

En 1971, el mismo año en que se fundaron los Emiratos Árabes Unidos, el fuerte se convirtió en sede del Museo de Dubái. Desde entonces ha sido un espacio de mediación cultural donde se narran las tradiciones beduinas, la vida en torno a la ría y la transformación de la ciudad a lo largo del siglo XX. Con el tiempo, el museo se fue ampliando hasta convertirse en un referente turístico. Sin embargo, esa misma presión evidenció la necesidad de intervenir de manera más profunda: el fuerte no podía seguir asumiendo nuevas funciones sin un proyecto que integrara conservación, modernización y expansión museográfica.

**Al Fahidi Fort, situación previa al inicio de las obras (2022). Vista de la torre defensiva, la fortificación más antigua conservada en Dubái (1787) y del lienzo sur del recinto. La imagen muestra las huellas de reparaciones históricas y las alteraciones acumuladas antes de la intervención.**

El plan concebido en 2020 fue ambicioso. Se trataba de convertir Al Fahidi en núcleo de un nuevo Museo de la Historia de Dubái, con una red de salas subterráneas y recorridos que se enlazarían directamente con la torre suroeste del monumento. En términos simbólicos, se buscaba conectar la raíz histórica de la ciudad —el fuerte de coral y adobe— con la narrativa de la modernidad, proyectada hacia el futuro. Desde el punto de vista técnico, el reto era mayúsculo: excavar bajo un edificio frágil, intervenir en sus muros centenarios y, al mismo tiempo, garantizar que cada acción respetara la autenticidad material.

## Arquitectura y técnicas tradicionales

El fuerte Al Fahidi se organiza en torno a un recinto cuadrangular de aproximadamente 35 metros de lado, definido por altos muros perimetrales que alcanzan en algunos puntos más de cinco metros de altura y más de un metro de espesor. Estos muros constituyen la primera línea de defensa y al mismo tiempo delimitan un espacio interior de carácter polivalente. En las esquinas se levantan torres circulares, más elevadas que el resto de la fábrica, que ser-

Trabajos de reparación de la cubierta. Los operarios instalan los chandals —rollizos de madera cuyo nombre deriva del inglés *sandal*— sándalo, que actúan como vigas principales de la techumbre. Sobre ellos se dispondrá la capa intermedia de hojas de palmera, que funciona como filtro y soporte, y posteriormente el paquete final de adobe que conforma la cubierta tradicional.

vían tanto para vigilancia como para articular el sistema defensivo. La torre suroeste, en particular, se convirtió con el tiempo en el elemento más emblemático. Con sus trece metros de altura domina visualmente el recinto y será el punto de conexión con el nuevo museo.

El interior del fuerte combina patios abiertos y volúmenes construidos adosados al perímetro. En torno al espacio central se distribuían estancias de almacenaje, dependencias para la tropa y espacios de servicio. La organización responde a una lógica práctica: proteger el núcleo de las funciones más sensibles y facilitar la defensa con un mínimo de efectivos. Esa sencillez estructural es también un reflejo de la sociedad que lo construyó, en la que cada recurso debía ser optimizado.

Los materiales empleados son un catálogo de las técnicas vernáculas de la región. La base de los muros está compuesta por bloques de coral y lumaquela extraídos de arrecifes cercanos, unidos con morteros de barro y yeso. La porosidad del coral permite que el mortero penetre y genere una trabazón eficaz, mientras que el espesor de la fábrica proporciona la masa térmica necesaria para amortiguar las oscilaciones del clima desértico. Sobre esa fábrica se aplicaban enlucidos de cal o yeso que protegían frente a la erosión y daban continuidad a los paramentos.

Un elemento singular de la tradición constructiva local es el *sarooj*, un mortero impermeable fabricado a partir de arcilla calcinada mezclada con cal y aditivos naturales como cenizas o fibras orgánicas. Este material era utilizado históricamente en la península arábiga para fortificaciones, aljibes y cisternas. El *sarooj* confería resistencia al agua, estabilidad frente a gradientes térmicos y una textura terrosa característica. En Al Fahidi se documenta su uso en suelos y en partes de los muros, aportando una capa protectora que todavía hoy puede identificarse en algunos paramentos. Su recuperación en la rehabilitación ha supuesto reproducir las mezclas originales con materiales locales, asegurando compatibilidad, continuidad estética y un comportamiento higrotérmico adecuado.

En cuanto a la estructura horizontal de la torre y de las crujías interiores, los distintos niveles se resolvían con forjados tradicionales de madera de palmera, dispuestos como vigas principales sobre las que se colocaban cañas y esteras vegetales. Estas capas servían de base a morteros de barro o yeso que conformaban el pavimento y la cubierta. Para los tramos principales, donde se requería mayor resistencia o durabilidad, se empleaban rollizos de madera conocidos localmente como *chandals*, un término que probablemente derive de una traducción alterada de *sandal* o *sándalo*. Estas piezas, importadas desde la India, eran especialmente apreciadas en la región porque ofrecían una vida útil mucho más prolongada que la palmera local y se destinaban a zonas donde las cargas eran mayores o la durabilidad resultaba crítica.

Las cubiertas del fuerte, incluidas las de la torre, siguen un esquema similar: vigas de palmera y *chandals* dispuestos en paralelo, sobre los que se apoyan capas de caña, palma trenzada y barro apisonado, rematadas con enlucidos de yeso o *sarooj*. Este sistema da lugar a techos planos, de uso polivalente: circulación, almacenaje y vigilancia y, al mismo tiempo, compatibles con las necesidades climáticas del entorno. Estos forjados y cubiertas, parte esencial de la identidad constructiva del fuerte, son objeto de especial atención en la rehabilitación actual, que busca conservar el mayor número posible de elementos originales y, allí donde la sustitución es inevitable, aplicar soluciones compatibles y reversibles que respeten la lógica material y técnica del edificio histórico.

Más allá de sus materiales, la arquitectura del fuerte encarna una manera de construir adaptada al lugar y a la época. El espesor de los muros garantizaba inercia térmica, fundamental en un clima donde las temperaturas diurnas podían superar con facilidad los cuarenta grados. Las torres circulares no solo ampliaban el campo de visión de los centinelas, sino que conferían al conjunto una imagen de solidez. Los patios interiores facilitaban la ventilación cruzada y la iluminación natural, y al mismo tiempo servían como espacios de maniobra.

La disposición espacial y el empleo de materiales locales e importados hacen de Al Fahidi un ejemplo claro de arquitectura híbrida: profundamente enraizada en el entorno natural del golfo, pero abierta al intercambio comercial y cultural que llegaba por mar. Cada pieza —desde los corales extraídos de la costa hasta los *chandals* procedentes de India— refleja esa condición de ciudad portuaria que, mucho antes de la fiebre del petróleo, ya estaba conectada a un mundo más amplio.

Esa suma de cualidades confiere al fuerte su valor patrimonial. No es únicamente un vestigio militar, sino también un compendio de soluciones constructivas que permiten entender cómo se habitaba y se defendía una ciudad en el golfo Pérsico antes de la modernización acelerada del siglo XX. Conservarlo significa mantener vivo un manual de técnicas tradicionales cuya eficacia sigue siendo válida, y cuya pérdida implicaría desconectar a Dubái de una parte esencial de su identidad.

## La intervención museográfica

A principios de 2020 se tomó la decisión de abordar la rehabilitación del fuerte, iniciándose los primeros estudios previos. El objetivo era integrarlo plenamente en el Museo de la Historia de Dubái, de modo que quedara conectado desde su elemento más representativo: la torre suroeste. Esta intervención se inscribe en la estrategia del Dubai Historical District, que abarca Shindagha, el barrio histórico de Al Fahidi; y otros hitos patrimoniales situados en torno al *creek* o ría. Dentro de este marco, Dubai Culture y el Gobierno de Dubái impulsaron una serie de proyectos culturales que culminan en la rehabilitación del fuerte, la construcción de un nuevo complejo museístico subterráneo y la actualización de su discurso identitario.

En febrero de 2024 se aprobó el diseño definitivo del nuevo museo, que contempla la puesta en valor del fuerte y la creación de un espacio museográfico excavado bajo rasante, conectado arquitectónica y funcionalmente con el edificio histórico. Los objetivos se definieron con claridad: consolidar la fábrica original, modernizar las infraestructuras museísticas y reabrir el conjunto como un espacio vivo de aprendizaje, capaz de poner en diálogo la historia con el presente.

La intervención reconoce una singularidad esencial: Al Fahidi Fort es, al mismo tiempo, un monumento y el soporte estructural del Museo de la Historia de Dubái. El proyecto es más que una rehabilitación museográfica, e integra arquitectura e ingeniería convirtiendo el fuerte en el punto de partida físico y simbólico de una ampliación museológica subterránea.

La torre sur desempeña en este esquema un papel decisivo. Es el punto de enlace entre la construcción histórica y las excavaciones del nuevo complejo adyacente, resuelto con pantallas de pilotes, tres niveles de forjado y una

**Infografía del resultado final del proyecto. El futuro Museo de la Historia de Dubái se desarrollará de forma subterránea, integrándose bajo una gran lámina de agua que actuará como cubierta y elemento climático. Además, se plantea una conexión directa entre el museo y el edificio histórico, articulando un vínculo entre lo nuevo y lo antiguo a través de la torre sur.**

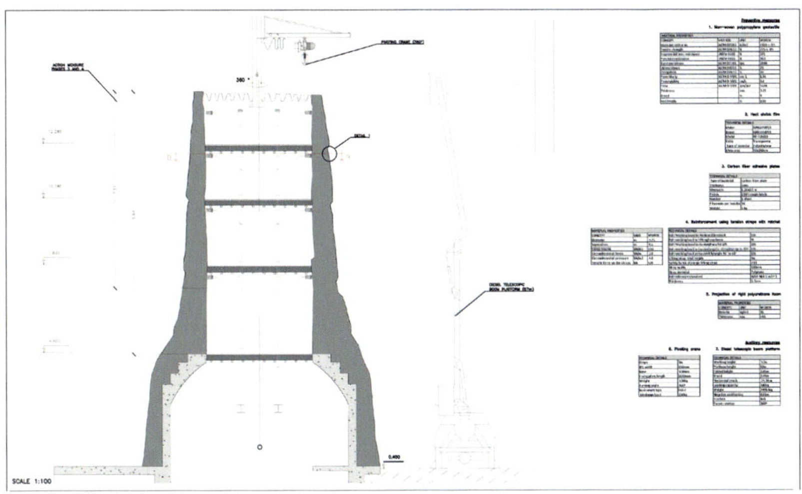


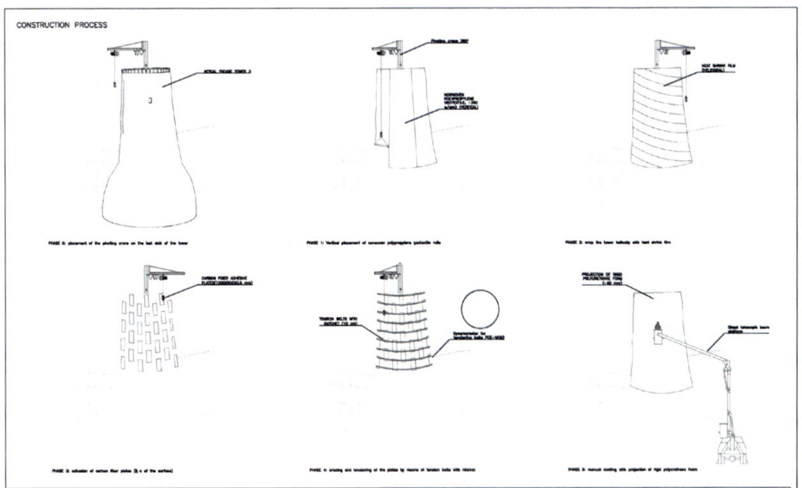


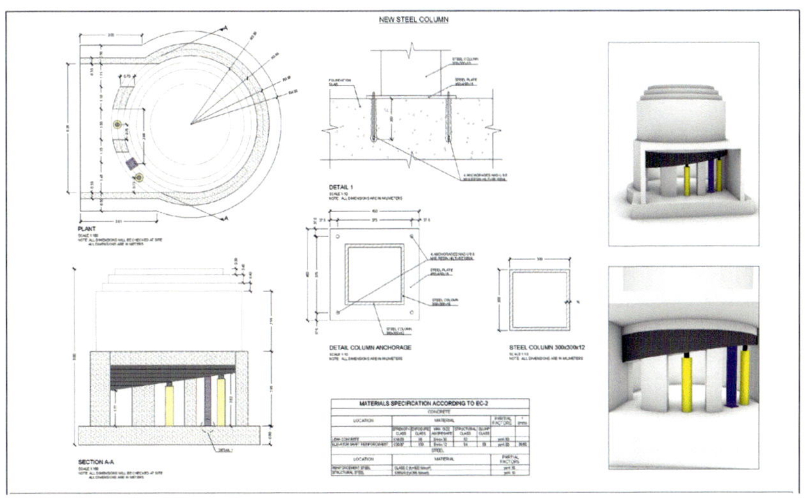


*Página anterior:*

**Torre sur de Al Fahidi Fort. Una estructura de barro y piedra con elementos fuera de plano, grietas y signos notables de envejecimiento. Una mezcla de piedra blanda de coral, ladrillos de adobe, los revestimientos tradicionales tipo *saroj* y emplastecidos de yeso con fuerte erosión superficial y desgaste acumulado. Con impactos históricos en la torre y en las troneras, huellas directas de su uso defensivo.**

**Croquis con la primera versión de las opciones planteadas para la protección de la torre sur frente a la excavación prevista. Debido al estado de los forjados, se diseñó un refuerzo interior mediante anillos de rigidez, mientras que exteriormente se propuso un sistema de protección ligera compuesto por geotextil, film termorretráctil, cinchas de amarre sobre placas de distribución de fibra de carbono y un revestimiento continuo de espuma de poliuretano proyectada.**

gran losa de fondo. El acceso se articula mediante rampas y un ascensor, insertado en la propia torre. Este planteamiento exige una integración temprana y rigurosa entre ingenieros, arquitectos y conservadores: modelización estructural, evaluación de gradientes higrotérmicos, análisis de vibraciones y definición de fases constructivas. Cada decisión —desde el trazado de las galerías hasta la ubicación de las vitrinas— se adopta bajo criterios de compatibilidad material, reversibilidad y minimización del impacto irreversible sobre el monumento.

## Tutela patrimonial y consolidación estructural

El trabajo de tutela se tradujo en varios niveles de acción. En primer lugar, se caracterizó la fábrica: se analizaron los morteros originales, se catalogaron los bloques de coral y se identificaron zonas debilitadas por humedad o sales. A partir de esa información se definieron morteros de reposición compatibles, con proporciones ajustadas para reproducir textura, color y comportamiento higroscópico.

En segundo lugar, se intervinieron los paramentos por tramos. Allí donde la fábrica estaba degradada, se aplicaron inyecciones de consolidación de baja presión, capaces de penetrar sin provocar sobrepresiones que pudieran fracturar el material. En algunos sectores fue necesario sustituir los forjados de madera y mortero, replicando dimensiones y disposición de los elementos originales, pero tratando de mejorar la capacidad mecánica de las maderas tras una selección de maderas provenientes de otros edificios históricos de la zona. De esta manera la lectura espacial permanecía inalterada, pero permitía aumentar ligeramente la capacidad de carga para habilitar usos en la cubierta.

**Uno de los principales daños recurrentes eran las líneas de escorrentía que erosionaban la fábrica de yeso y coral. Para detener este deterioro fue necesario prolongar gran parte de los desagües y sustituir todos los elementos en mal estado, reconstruyéndolos con las formas tradicionales elaboradas en madera de palmera.**

*Página siguiente:*
**Vista de la excavación una vez ejecutada la losa de fondo y el primer nivel de forjado. Entre las situaciones críticas de la obra destacamos: las vibraciones generadas por los equipos de perforación durante la ejecución de pantallas y anclajes, el control de las filtraciones a través de las pantallas, la subpresión sobre la losa de fondo debida al nivel freático marino y el control de deformaciones durante la retirada de los estampidores.**

El tercer nivel de acción correspondió a la fase más delicada: el apeo y confinamiento de la torre suroeste. Previamente y para poder excavar y construir bajo ella se desplegó una auténtica coraza temporal. Se envolvió el paramento exterior con geotextiles, que amortiguaban tensiones y evitaban desprendimientos de fragmentos. Sobre esa envoltura se aplicaron cintas con placas de reparto en fibra de carbono, generando un cosido perimetral que mejoraba la resistencia global. Finalmente se proyectó una capa continua de espuma de poliuretano a modo de escayola que protegía frente a choques, vibraciones y

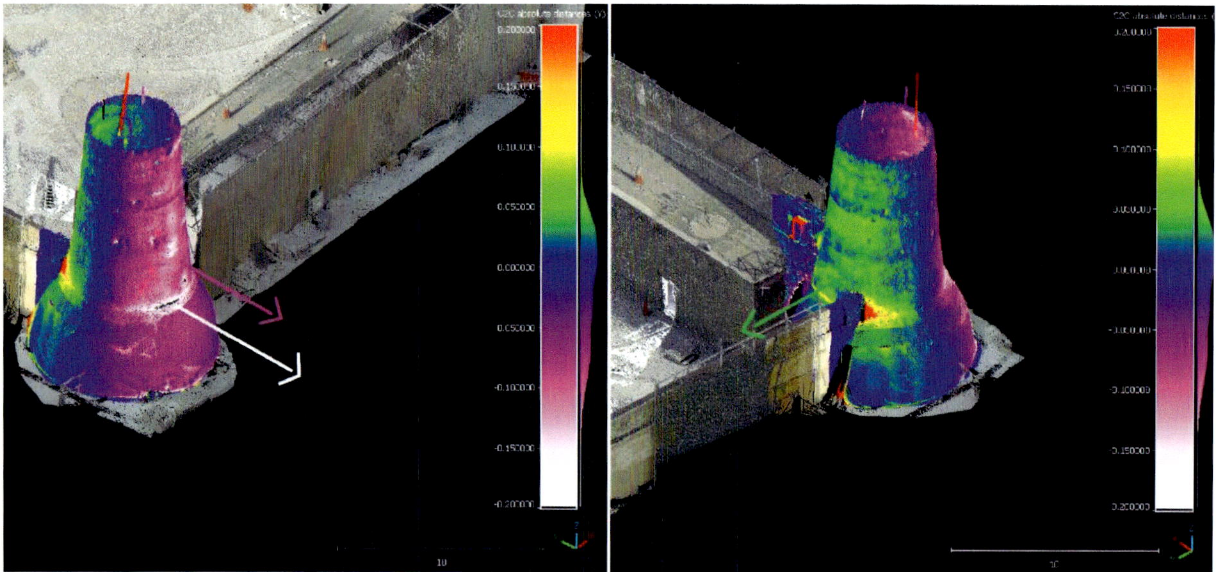

gradientes higrotérmicos y se añadieron anillos interiores de rigidez mediante una estructura metálica auxiliar. El conjunto, conocido como *shrink wrapping*, convirtió la torre en una especie de cápsula estable durante la obra.

Es clave mencionar que todas estas medidas son reversibles. Una vez terminada la excavación y consolidada la estructura, la coraza se retiró, sin dejar huellas permanentes. El fuerte recuperó su apariencia original, pero había sobrevivido a una intervención que, sin estas precauciones, habría sido inviable.

El nuevo edificio subterráneo que constituía una parte muy importante del nuevo museo se construía en la parcela adyacente mediante un método constructivo de arriba abajo, con pantallas de pilotes que permiten excavar a gran profundidad bajo la protección de entibaciones provisionales que se retiran según se ejecuta la losa de fondo y forjados intermedios. Este gran vacío ejecutado a apenas 3,00 m del edificio histórico requería de un control estricto del nivel freático, fundamentalmente para evitar cambios en las condiciones de saturación del terreno donde apoyaba el fuerte existente y para evitar también gradientes de humedad que comprometan la piedra coralina y de un control geométrico continuo para evitar asientos diferenciales en los paños masivos del fuerte.

**Control de desplazamientos mediante la superposición de nubes de puntos 3D antes y después de la ejecución de las obras. El uso de modelos tridimensionales permite interpretar movimientos complejos: giros, asentamientos diferenciales o desplazamientos no lineales; que serían difíciles de detectar con métodos convencionales.**

En la década de 1990, durante la construcción del primer museo, toda la torre de fábrica se apeó sobre perfiles metálicos y se levantó una planta subterránea adicional de hormigón. De ese modo, la torre histórica quedó apoyada sobre muros, pilares y una nueva cimentación de hormigón armado. Sin embargo, estos elementos resultaban incompatibles con la arquitectura del nuevo acceso al museo ampliado. Tras estudiar distintas alternativas, se concluyó que la opción de mínima intervención consistía en eliminar uno de los pilares de hormigón situados bajo la torre y sustituirlo por un soporte de acero, de menor dimensión y ubicado en una posición distinta, compatible con las nuevas circulaciones y con la instalación del nuevo ascensor. La nueva operación de apeo y eliminación del soporte se ejecutó con éxito una vez completados los forjados bajo rasante del nuevo edificio, permitiendo adaptar la estructura sin comprometer la estabilidad del monumento.

La obra de Al Fahidi tuvo también un lado más cercano, a veces hasta pintoresco. El equipo reunía un verdadero mosaico internacional: constructora italiana, arquitectos alemanes, gestores de proyecto egipcios y especialistas en izados hidráulicos franceses, todo ello coordinado bajo la atenta mirada de las responsables de las administraciones de Dubái. El ambiente en la obra estaba marcado por un calor abrasador que hacía imposible trabajar de día; durante el verano, solo se permitían trabajos nocturnos, con el consiguiente trasiego de ingenieros y operarios a horas intempestivas. Nunca supimos si era completamente en broma, pero es cierto que recibimos de nuestros jefes una instrucción tajante: los ingenieros que habíamos diseñado la encapsulación de la torre y el apeo del pilar de hormigón debíamos permanecer en el país durante las operaciones críticas… por si acaso.

Detalle del aparejo tradicional de coral en Dubái, con bloques de coral dispuestos y orientados en tongadas sucesivas y recibidos con mortero de yeso. Esta técnica local utiliza un material marino altamente poroso —una piedra ligera y oquerosa— combinado con capas de yeso de espesor variable, un aglutinante con fuertes retracciones y muy sensible a la erosión.

## Innovación tecnológica y control

Si algo distinguió la obra de Al Fahidi fue el despliegue de tecnología aplicada a la conservación. El fuerte se convirtió en un edificio monitorizado en tiempo real, un laboratorio donde cada fase se acompañaba de datos.

El punto de partida fue la generación de una base geométrica fiable mediante escaneado láser 3D. Se realizaron campañas en 2022, 2024 y 2025 que permitieron obtener modelos precisos de la geometría del monumento en cada instante. Con esas nubes de puntos se compararon desplazamientos y deformaciones, detectando movimientos imperceptibles a simple vista. Paralelamente, se instaló una red de sensores: fisurómetros para medir la evolución de grietas, prismas topográficos monitorizados con estación total robotizada, inclinómetros que registraban giros de muros, acelerómetros para captar vibraciones y sensores higrotérmicos para controlar la respuesta frente al clima.

El sistema funcionaba con umbrales predefinidos: había límites de alerta, acción y paro. Por ejemplo, durante el apeo de la torre sobre gatos hidráulicos se estableció un umbral de parada si se registraba un desplazamiento vertical de tan solo dos milímetros. De igual modo, los cálculos predecían una carga en gatos de 670 kN para descargar el pilar que debía retirarse. Para asegurar que no se excedía este valor se instalaron células de carga que duplicaban las medidas del sistema hidráulico de izado.

El control instrumental no se limitaba a la geometría. También se vigilaba el agua. El nivel piezométrico en torno al fuerte se monitorizaba con una red de pozos instrumentados, capaces de registrar descensos imprevistos que pudieran generar asientos diferenciales. El modelo hidrogeológico preveía abatimientos del freático de varios metros durante la excavación, con asientos finales en el orden de diez a doce milímetros. La instrumentación permitió comprobar que esas predicciones se cumplían y, en caso de desviación, activar medidas correctoras.

Gracias a este control, el proyecto avanzó con una seguridad deseable, aunque no siempre alcanzada en obras patrimoniales. No se trata de confiar en la experiencia o en la intuición, sino de tomar decisiones informadas por datos. Cada fase de apeo, cada corte con hilo diamantado, cada izado se acompañaba de registros objetivos que permitían verificar que el fuerte soportaba la intervención.

En definitiva, la intervención convirtió la rehabilitación de la torre en un verdadero laboratorio de innovación. El escaneado 3D proporcionó la geometría precisa, la modelización numérica anticipó su comportamiento, la monitorización registró en tiempo real la respuesta del monumento y el sistema de alerta temprana aseguró la toma de decisiones en cada fase. El resultado fue una obra gobernada tanto por la experiencia profesional como por un caudal de datos objetivos, garantía de que el fuerte pueda transmitirse íntegro al futuro.

## Reflexiones finales

Erbil y Al Fahidi son dos escenarios que, a primera vista, no podrían ser más distintos. La ciudadela kurda se alza sobre un tell inestable, construido a lo largo de milenios con estratos de adobe y escombros, en una región marcada por el riesgo sísmico y la fragilidad institucional. El fuerte dubaití, en cambio, se encuentra en pleno corazón de una metrópoli que se ha convertido en sinónimo de modernidad y abundancia de recursos, con instituciones sólidas y una voluntad política decidida a transformar el patrimonio en motor de identidad cultural. Sin embargo, ambos proyectos comparten una misma ambición: preservar la autenticidad de un monumento histórico y hacerlo capaz de proyectarse hacia el futuro.

En Erbil, las limitaciones materiales y contextuales obligaron a un ejercicio de sobriedad. No había margen para soluciones espectaculares ni para intervenciones intrusivas. La clave estuvo en entender la lógica de la construcción tradicional y reforzarla sin traicionarla: atar, coser, mejorar uniones y aceptar que la fisuración es parte del comportamiento de la tierra. La seguridad no se buscó en la rigidez, sino en la ductilidad y en la capacidad de absorber daños sin llegar al colapso. Fue un trabajo de convivencia con el riesgo, de diseñar con los materiales disponibles y de asumir que la verdadera resistencia estaba en la estabilidad y la trabazón del conjunto.

En Dubái el reto no fue la carencia, sino más bien la abundancia. Con medios técnicos y financieros casi ilimitados, el riesgo era caer en la tentación de transformar el monumento en un objeto espectacular, perdiendo de vista su autenticidad. La respuesta fue precisamente la contraria: desplegar la tecnología no para imponer un nuevo relato, sino para verificar que cada decisión respetaba el fuerte. El monumento se encapsuló, se apeó y se monitorizó, convirtiéndose en un laboratorio de innovación en el que la tradición constructiva y el control instrumental se dieron la mano. La intervención mostró que la tecnología puede ser aliada de la conservación cuando se emplea con criterio y con humildad.

La comparación revela dos lecciones fundamentales. La primera es que no existe un único modelo de intervención en patrimonio: cada contexto exige su propio equilibrio entre seguridad, autenticidad y viabilidad. La segunda es que, pese a la diversidad de medios, el objetivo último es común: garantizar que el monumento siga siendo reconocible para las generaciones futuras, como un objeto reconstruido, pero también como un testigo de su tiempo.

Más allá de lo técnico, ambos proyectos recuerdan que trabajar en patrimonio es siempre una experiencia colectiva. En Erbil, la precariedad logística y el calor extremo se compensaron con la tenacidad de un equipo internacional y con el valor de profesionales locales. En Dubái, el mosaico de nacionalidades y la firmeza de las responsables emiratíes aportaron una dimensión humana a una obra de alta tecnología.

En definitiva, tanto en los muros de adobe de Erbil como en el coral y el *sarooj* de Al Fahidi se juega la misma apuesta: demostrar que la ingeniería puede actuar como mediador entre la memoria y el porvenir.

**Detalle de una puerta de alabastro tallado en la Ciudadela de Erbil, grupo 1. El trabajo ornamental, con motivos vegetales entrelazados y una composición geométrica elegante, muestra la calidad artística y el refinamiento arquitectónico que caracterizaron épocas más prósperas de la ciudadela.**

# PUENTES FERROVIARIOS

## MÁS DE 100 AÑOS EN SERVICIO

025C
025C
renfe
renfe

## MÁS DE 100 AÑOS EN SERVICIO

*Página anterior:*
Puente del Arlanzón I. Línea Madrid Hendaya P.K.321/285. Como se puede ver en la fotografía este puente lleva soportando tráfico ferroviario desde hace más de 150 años.

Puente de Fromista sobre el canal de Castilla de la Línea Venta de Baños – Santander. P.K. 329/477 . Este puente construido en 1858 presenta uno de los aparejos helicoidales más cuidados y complejos del ferrocarril español. La vista simultánea de las dos infraestructuras del mediados del S XIV (ferrocarril y canal) es única dentro del paisaje español.

Existen seguramente muchas razones que obligan a dotar a los puentes ferroviarios de un tratamiento específico, fundamentalmente por lo que representan en nuestro patrimonio de obra pública. En primer lugar, la importancia cualitativa y cuantitativa de estas estructuras, existen más de 6000 puentes en la red ferroviaria, de los que un gran porcentaje de ellos (50%) tiene más de 100 años. Su importancia cualitativa es también sobresaliente, muchas de estas estructuras son verdaderos representantes de los avances científicos y tecnológicos del momento de su proyecto y construcción y pertenecen por tanto a nuestro patrimonio de la obra pública.

En segundo lugar, no existe normativa clara para la evaluación y tratamiento de estructuras existentes en general ni para estos puentes en particular, si a esto añadimos que en su momento de construcción tampoco había una normativa similar a la actual para el proyecto y construcción, el escenario que se adivina es complejo. Existen numerosos estudios donde se recoge la evolución acaecida en la normativa ferroviaria española durante los primeros

**tiempos del ferrocarril, como resumen baste decir que apenas hay documentos regulatorios, en 1893 y 1903 aparece alguna real orden u orden circular apremiando a los concesionarios a que realicen la revisión de sus tramos metálicos. En 1902 se promulga la primera "Instrucción para redactar proyectos de puentes metálicos"; en 1925 aparece una nueva Instrucción para puentes metálicos; y en 1928, las primeras colecciones de puentes de hormigón. A partir de ese momento sí que se nota un afán regulatorio con la redacción de numerosas normativas y documentos que han llegado hasta nuestros días.**

**Este contexto hace que debamos ser especialmente cuidadosos con todo lo que planteemos y obtengamos a la hora de analizar e intervenir en estas estructuras. El peculiar comportamiento de estos puentes singulares, junto con el hecho de que, al ser estructuras vivas, tengan presentes daños de diferentes naturaleza e importancia, hace que sea necesario consensuar unos criterios de análisis e intervención diferentes al resto de puentes pertenecientes a otras tipologías más modernas y conocidas. En este capítulo se recogen algunos aspectos que ayudan a contextualizar las intervenciones en estas estructuras junto con varios ejemplos que pretenden servir de guía en el tratamiento de estas singulares y duraderas infraestructuras.**

## La historia del ferrocarril y sus puentes

Los puentes ferroviarios formaron parte del pulso constructivo que se generó con el ferrocarril y la revolución industrial y fueron el resultado de las condiciones socioeconómicas, técnicas y sociales que se dieron a mitad del siglo XIX.

Siempre que se habla del origen del ferrocarril se hace de manera conjunta con los cambios socioeconómicos ocurridos a lo largo del siglo XIX. El ferrocarril surge como elemento potenciador de la Revolución Industrial y como vertebrador de las diferentes economías que en ese momento se encuentran en plena transformación en los países de nuestro entorno próximo y lejano. Es en realidad el ferrocarril origen y causa de los diferentes cambios revolucionarios que se están produciendo en distintos órdenes de la vida y que ya se venían gestando desde la segunda mitad del siglo anterior.

La aparición del ferrocarril supuso, por una parte, un cambio profundo en la economía (cambio en el orden económico y en los modos de gestión empresarial); por otra parte, un cambio en la sociedad y; por último, un cambio sobre todo en las comunicaciones auspiciado por el importante desarrollo de las ciencias. Es obligado recordar que, cuando surge el ferrocarril, el sistema de transporte estaba estructurado alrededor de los caminos y carreteras, el tráfico fluvial y el tráfico marítimo de cabotaje. El primer ferrocarril se inaugura en 1825 en Gran Bretaña por George Stephenson, uniendo la ciudad de Stockton con el puerto de Darlington y teniendo un uso minero e industrial. La novedad de esta línea, ya que con anterioridad existían medios de transporte guiados con tracción animal sobre vías, es la creación y uso, por primera vez, de la locomotora de vapor. En 1830 se inaugura la línea Liverpool-Manchester y, a partir de ese momento, se generaliza con mayor o menor rapidez la construcción de las líneas ferroviarias que, en apenas 100 años, generan una nueva forma de comunicación capaz de salvar obstáculos hasta ahora inalcanzables, generando una infraestructura en muchos aspectos novedosa. Pero por entender los orígenes del ferrocarril es quizás necesario hacer una reflexión previa en torno a los siguientes aspectos.

Fotografía del puente internacional del Bidasoa en la línea Madrid Hendaya en el P.K. 641/181. Este puente es fronterizo con Francia y ha sido recientemente objeto de una obra de reparación integral. La fotografía es previa a la intervención.

**El contexto social y político**: En el orden político, la caída del Antiguo Régimen en Europa facilita la irrupción del estado moderno y el liberalismo, recogiendo las ideas de las recientes revoluciones y constituyendo un nuevo concepto de sociedad. Por otra parte, es digna de resaltar la importancia en la sociedad de la burguesía como clase que coge fuerza gracias a los nuevos planteamientos librecambistas. Es este quizás el aspecto más diferenciador de la realidad española que no alcanzó a sumarse a este nuevo horizonte con la misma fuerza que los países de nuestro entorno.

**El contexto económico**: La Revolución Industrial, que tiene como nexo de unión más claro con el ferrocarril la invención de la máquina de vapor, genera un nuevo panorama económico que tiene a la burguesía como principal impulsor y que se apoya directamente en los nuevos planteamientos librecambistas y en las nuevas innovaciones ingenieriles y tecnológicas.

**El contexto científico-técnico**: Es durante los siglos XVIII y XIX el periodo donde se producen los avances más importantes relacionados con la ingeniería en general y con la ingeniería civil en particular. Este periodo culmina con la creación de las escuelas de ingenieros civiles y de los correspondientes cuerpos de la Administración, que posibilitan la creación y extensión de las obras públicas pertenecientes a la infraestructura ferroviaria por todo el territorio de manera eficaz y bajo criterios uniformes que descansaban en conocimientos técnicos. La irrupción de proyectistas especializados con conocimientos técnicos fundados y consensuados deriva en una construcción racional y fiable que permite abordar el proyecto y construcción de obras que hasta la fecha parecían retos inalcanzables.

Grabado del puente internacional sobre el río Miño en la frontera entre España y Portugal. Vista desde la orilla portuguesa.

El arranque de la École de Ponts et Chaussés en Francia en 1747 supone el inicio de la ingeniería moderna, secundada algo más tarde, en 1802, por la Escuela de Caminos en Madrid bajo la dirección de Agustín de Bethancourt, habiendo sido precedida por el Cuerpo de Ingenieros de Caminos en tres años. Los ingenieros nacen con el Estado liberal y se caracterizan desde el primer momento por su modernidad. En España esta alianza con el progreso genera tensiones con los elementos más conservadores, por lo que la Escuela de Caminos sufre cierres intermitentes hasta su apertura definitiva en 1834.

El establecimiento de las nuevas reglas de juego técnicas consensuadas, la creación de cuerpos de funcionarios y técnicos dentro del reciente entorno social, político y económico anteriormente mencionados hicieron posible la construcción del gran entramado ferroviario constituido por los terraplenes, trincheras, puentes, túneles, estaciones, etc. En España, la construcción de las líneas

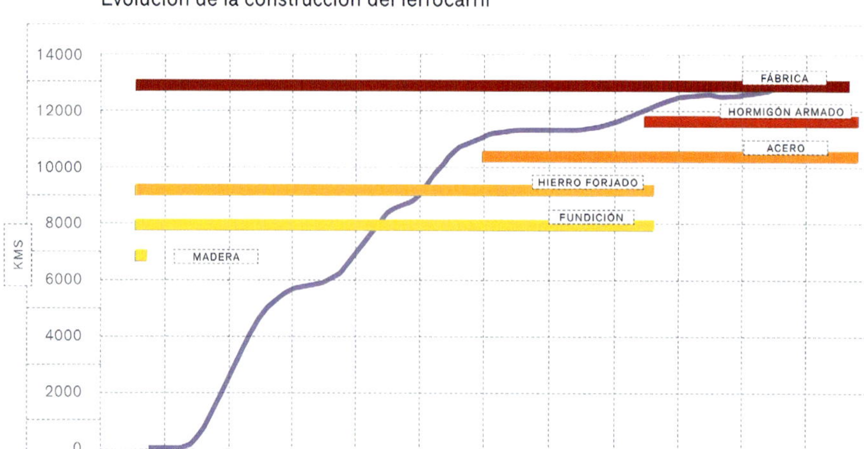


Gráfica que muestra la evolución en la construcción de las líneas ferroviarias peninsulares y la concomitancia en el empleo de materiales en sus puentes.

ferroviarias no fue continua ni uniforme, estando sometida a impulsos y frenazos a lo largo de sus 150 años de historia.

En el anterior gráfico se muestra la evolución de la construcción de las líneas ferroviarias a lo largo del periodo 1844-1950. En él se muestran los kilómetros de vía construidos acumulados a lo largo de los años junto con la convivencia de los diferentes materiales constructivos empleados en los puentes ferroviarios. En 1866 se habían construido 5100 km, y a finales del siglo XIX se habían concluido 11 000 km de ancho ibérico, aproximadamente el 85% de las líneas actualmente existentes de la red convencional.

Durante los primeros 40-50 años del ferrocarril existió un ritmo acelerado de construcción con la salvedad de los periodos entre 1866-1875 y el que va de 1885 a 1890. La mayor parte de los puentes de madera fueron sustituidos o saboteados de forma sistemática, por lo que apenas sobrevivieron a las primeras décadas del ferrocarril. Estos puentes fáciles y rápidos de construir estaban pensados para las cargas ligeras de las primeras locomotoras que apenas llegaban a los 300 kN de carga total, por lo que pronto se quedaron obsoletos ante el notable aumento del peso de estas. Además, en numerosas ocasiones, fueron objeto de incendios intencionados de mano de los propietarios de concesiones de postas y diligencias que veían peligrar su negocio. Los primeros puentes de hierro también estuvieron sujetos a continuas intervenciones, siendo reforzados primero y más tarde sustituidos. Este proceso se desarrolló paralelamente a la tecnología de fabricación y laminación del acero y conforme iban aumentando las cargas y velocidades de las locomotoras, tenders y vagones que estas estructuras debían de soportar. En 1893 se mencionan por primera vez de forma oficial los problemas que el aumento de peso del transporte ferroviario

está provocando en la seguridad y estado de los puentes metálicos. Desde esa fecha y hasta la redacción de la Instrucción del año 1901 y, posteriormente, la de 1925, se visitaron, inspeccionaron, reforzaron y finalmente se sustituyeron la casi totalidad de los puentes de hierro primitivos. Las tipologías empleadas en su sustitución fueron fábrica, acero, y, desde 1920, hormigón.

Este aumento de sobrecargas que llevó a su desaparición a los puentes de madera y hierro no ha sido tan condicionante para los puentes arco de fábrica. El funcionamiento estructural de estos puentes, masivos y que trabajan por forma, les hace mucho menos sensibles al cambio de las sobrecargas actuantes, incluso para luces medias.

Tras la irrupción del hormigón en masa y armado solo existen dos momentos o periodos constructivos de interés para la infraestructura ferroviaria: el provocado en gran medida por el Plan Guadalhorce entre 1926-1930 y, posteriormente, la reconstrucción tras la Guerra Civil, donde se acometieron obras de reparación importantes en las líneas que sufrieron las desgracias de la guerra y la ejecución de alguna línea nueva que había quedado pendiente de la Segunda República.

Insurrección carlista. Puente de Boquilla destruido por la facción Santés (Croquis de D. David Hine, ingeniero del ferrocarril).

Pero la fotografía de la infraestructura que tenemos en el momento actual no solo responde al momento inicial de su construcción, sino a su historia de más de 150 años, que ha provocado que haya pasado por peripecias y cambios que han marcado huella en su fisonomía. En primer lugar, los cambios en la explotación ferroviaria recogidos en las normativas técnicas, acompañados por la voluntad reguladora del Estado, hicieron que muchos de los puentes iniciales fueran sustituidos o reforzados para hacer frente a las nuevas cargas y velocidades derivadas de las nuevas y más exigentes condiciones de explotación. Por otra parte, y en segundo lugar, las desgracias ocurridas fundamentalmente por el efecto de los accidentes, riadas y guerras han hecho que existan puentes más modernos y jóvenes que las líneas a las que dan servicio.

## ¿Rehabilitar, reparar, reforzar o ampliar?

Por desgracia, en demasiadas ocasiones se confunden los términos rehabilitar, reparar o reforzar. Si bien es verdad que existen numerosas maneras de denominar una intervención, es también verdad que se antoja necesario emplear ciertos términos con precisión y sin ambigüedad. Por ejemplo, el técnico debe dictaminar si el puente requiere de una intervención donde se reparen los daños existentes y se restituya su capacidad resistente y durable (reparación), o si necesita de una intervención donde se mejore su funcionalidad (ampliación), o si, por el contrario, el puente requiere de una intervención donde se necesite aumentar la capacidad resistente de la estructura para hacer frente a unos esfuerzos superiores a los que estaba preparado (refuerzo).

Las ampliaciones implican un cambio en la fisonomía del puente y un aumento de su longitud total (ampliación longitudinal) o de su sección transversal (ampliación transversal) y bajo el término rehabilitación muchas veces se hace referencia a cualquier tipo intervención, es decir, es un término genérico que engloba todos las anteriores. En otras ocasiones hace referencia a actuaciones encaminadas solamente a la consolidación, es, quizás, el término de uso más difuso.

Por todo esto, el técnico debe contestar a una primera pregunta una vez realizado sus estudios, análisis e inspecciones, que es si el puente requiere de ampliación, reparación, refuerzo o una combinación de estas. En definitiva, debe de evaluar de una manera precisa si la capacidad portante de la estructura es suficiente o no para resistir las cargas a las que está sometido. Este aspecto es de vital importancia ya que muchas veces se refuerzan estructuras sin necesidad simplemente porque se detectaron ciertos daños que son mal interpretados en situaciones donde solo se requiere reparación. Por otra parte, muchas veces, el refuerzo de un elemento

Fotografía cenital de las obras de reparación del Viaducto del Ulla en la Línea Zamora La Coruña. En el momento de la fotografía se ha levantado vía y se está impermeabilizando el tablero de hormigón armado.

estructural dentro del puente, por ejemplo, la bóveda, altera la relación de rigideces entre este elemento y el resto, tímpanos, rellenos, etc., generando nuevos y graves problemas. Por tanto, y como ya se ha señalado, es obligado analizar en profundidad cuál es la respuesta estructural del puente ante las cargas solicitantes y evaluar de manera precisa y sin ambigüedad si esta es suficiente.

**Obra nueva versus estructura existente** En esta etapa de evaluación es muy importante remarcar las diferencias en el análisis entre el proyecto de obra nueva y la evaluación de una estructura existente. Para las primeras, la tarea del técnico es comprobar que el diseño propuesto es tal que, en las situaciones pésimas verosímiles que puedan presentarse durante su vida útil, la estructura cumplirá unos requisitos mínimos de seguridad y de condiciones de utilización. Ello se realiza dentro de un contexto semiprobabilista que permite un tratamiento manejable de las incertidumbres asociadas a estructuras que, recuérdese, no existen en el momento de ser analizadas. Esta labor es posible gracias al cúmulo de experiencias obtenidas en estructuras similares que han permitido identificar cuáles son los límites de validez (estados límite) y cuáles son las situaciones pésimas de proyecto. Además, existe un consenso entre los profesionales e investigadores competentes sobre los valores límite convencionales de validez, $R_d$ y los solicitantes $S_d$, resultantes de un cierto método de cálculo. Este consenso se materializa sobre todo en la existencia de normas tecnológicas y de acciones que auxilian (y obligan) al técnico en todo el proceso.

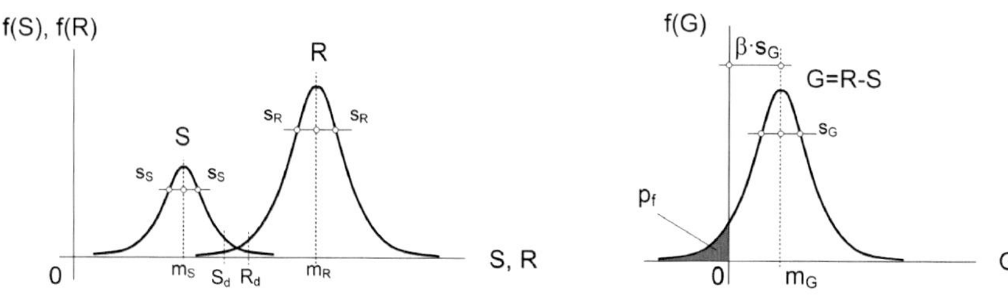


Esquema de la evaluación semiprobabilista de estructuras nuevas y relación de la comparación entre solicitaciones y esfuerzos admisibles, $S_d \leq R_d$, y el objetivo de asegurar una probabilidad de fallo, $p_f$, suficientemente pequeña.

Al juzgar la aceptabilidad de una construcción existente, un puente ferroviario de fábrica, por ejemplo, el objetivo es similar: garantizar la seguridad y suficiencia funcional de la estructura; pero el panorama es mucho más complejo. Las incertidumbres son mucho mayores, el consenso no es ni mucho menos total y, prácticamente, no existe normativa de referencia.

En la figura del esquema de evaluación de resistencias y solicitaciones se ilustra la situación del análisis de construcciones existentes mediante un esquema propuesto por el profesor Franco Mola. En esta figura se ha representado en abscisas el tiempo desde el final de la construcción ($t_0$ en adelante) y en ordenadas un índice de la resistencia *R*, y de la solicitación *S*. La figura muestra varias posibilidades para la vida de la construcción. En un primer instante la solicitación $S(t_0)$ es menor que la resistencia inicial $R(t_0)$, de lo contrario se produciría un colapso al descimbrar. En virtud del teorema de los cinco minutos" comienza un proceso por el cual la resistencia se degrada, curva $R(t)$, y las solicitaciones, en general, crecen, curva $S(t)$.

Una historia natural sería la descrita hasta el punto *D*: La solicitación *S* crece con el tiempo mientras la resistencia *R* se degrada por causas naturales a un ritmo normal. En este caso, la vida de la estructura sería $T_L$.

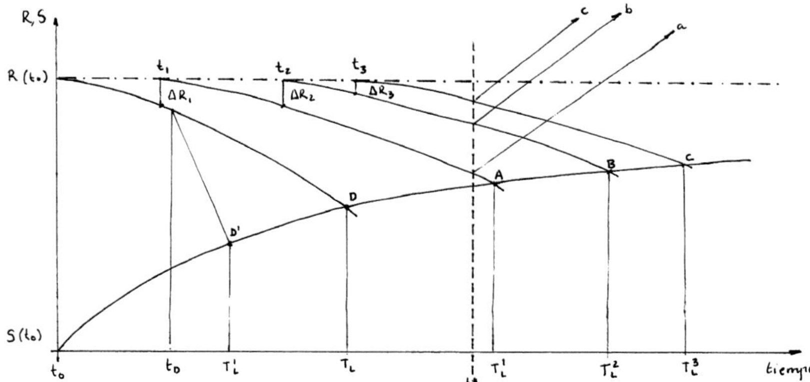


$t_D$ = *Comienzo de un proceso de degradación acelerada.*
$T'_L$ = *Vida de la estructura en caso de proceso de degradación acelerada.*
$T_L$ = *Vida de la estructura en caso de proceso de degradación natural.*
$\Delta R_i$ = *Incremento de resistencia por efecto de una restauración i-esima.*
$T^i_L$ = *Vida de la estructura relacionada con la restauración i-esima.*
$t^*$ = *Instante presente, en que se produce la evaluación estructural.*

Otra hipótesis más pesimista, a la que se ajustan tantos casos conocidos de colapsos tempranos, es la que termina en el punto *D'*. Por alguna razón, se produce un colapso parcial como consecuencia de un impacto, un ataque químico, una gran avenida, un sismo, etc., en el instante $t_D$ se inicia un proceso anómalo de degradación acelerada de la resistencia. La vida de la estructura alcanza el valor $T'_L$ .

Lo habitual es que ante los síntomas visibles del deterioro progresivo se produzcan sucesivas intervenciones de reparación en los instantes $t_1$, $t_2$, $t_3$ que habrán restablecido el valor de *R* a niveles similares al inicial. En estos casos, la vida útil de la estructura alcanzaría los valores $T^1_L$, $T^2_L$ ó $T^3_L$ en los puntos A, B y C, respectivamente.

En mitad de esta historia, en el instante *t** se le plantea al técnico la cuestión de la evaluación. La historia de la evolución de *R(t)* no será siempre conocida, como tampoco la de *S(t)*, sin embargo, será preciso, primero, intentar conocer el orden de magnitud de la distancia a que se encuentran, en el momento presente, la solicitación y la resistencia; y, en segundo lugar, si se juzga necesario, diseñar una intervención y predecir, con la máxima verosimilitud posible, sus efectos según las direcciones *a*, *b* o *c*.

**Esquema de la evaluación de las resistencias *R* y solicitaciones *S* a lo largo de la vida de la estructura.**

Conviene aclarar un punto: la curva de solicitación *S* podría ser constante o, eventualmente, decreciente pero casi siempre es creciente con el tiempo. Ello se de-

berá a que las sobrecargas que soportan nuestros puentes han aumentado con el tiempo al igual que sus velocidades y las cargas muertas. Una posibilidad sería la de disminuir el nivel de solicitación S, reduciendo los tráficos o limitándolos.

Las curvas de la evaluación de resistencias y solicitaciones son esquemáticas y, desgraciadamente, a diferencia de las mostradas en la figura de la evaluación semiprobabilista para estructuras nuevas, imposibles de conocer en general. Por ello, el técnico debe acercarse al problema con grandes dosis de modestia y con todas las herramientas (no solo de cálculo) que le brindan la técnica y la experiencia disponibles.

Desde este punto de vista, debe proclamarse que la labor del análisis y la intervención, aunque compleja, es abordable. En efecto, en una estructura nueva, la vida útil prevista es de 50 o 100 años. Es en ese periodo en el que se debe garantizar que la probabilidad de fallo estructural sea suficientemente baja. Ante una construcción histórica se podría caer en la tentación de pretender asegurar la estructura *ad aeternum*. La escala del eje de tiempos del segundo gráfico indica que la intervención del técnico en el momento presente es un hito más en el proceso de interacción entre la obra y sus constructores y sustentadores, lo que el profesor Mola denomina "un continuo acto de amor".

**Reparación y sustitución de las diagonales cercanas al apoyo en la celosía múltiple (Town) del viaducto de Villabona en la línea Madrid Hendaya. El comportamiento complejo de este tipo de celosías exige una reinterpretación de su comportamiento bajo la perspectiva técnica actual.**

Por tanto, no debemos hurtarnos la fase más entretenida y compleja dentro de cualquier intervención, que es la de dictaminar en qué momento de la vida del puente nos encontramos, cuáles son los problemas que tiene y ha tenido y cuál el horizonte histórico de la intervención.

## Los puentes de fábrica

Con la aparición de los canales y el ferrocarril las estructuras debieron adaptarse a unos requerimientos más complejos de trazado, pues ya no se imponían como en el caso de las carreteras y caminos, donde el trazado se modificaba para conseguir un puente más sencillo de ejecutar y de cimentar. Esta sumisión de la estructura al trazado obligó a proyectar y construir grandes obras curvas y esviadas, por una parte; y a viaductos de gran longitud y con altas pilas por otra.

La adopción de esta tipología –puentes de bóvedas de fábrica–, antigua y conocida, por los nuevos conocimientos teóricos y prácticos de la época, junto con la aparición de los retos técnicos y constructivos provenientes de las nuevas infraestructuras (canales y ferrocarril), dieron lugar a un nuevo periodo de esplendor para estos puentes, a una segunda juventud y a la generación de muchos de sus mejores ejemplos.

Estos puentes, proyectados y construidos para unas condiciones de explotación muy diferentes de las actuales, son los verdaderos supervivientes de

**Viaducto sobre el barranco de Boixadell rehabilitado en 2010. Línea Zaragoza -Barcelona P.K. 324/648. Con las nuevas exigencias del trazado ferroviario los viaductos comenzaron a ser más largos y más altos. El trazado mandaba sobre la estructura.**

nuestra red. Esta capacidad de readaptación a las nuevas cargas y velocidades nos obliga a profundizar en su comportamiento mecánico para conocer de primera mano cuáles son los mecanismos resistentes principales y cómo se deben y pueden reparar y/o reforzar.

Además, llevan en servicio en ocasiones más de 150 años, por lo que es necesario llevar a cabo sobre ellos diferentes actuaciones de reparación y, en ocasiones, de refuerzo, para acomodarlos a las nuevas condiciones de explotación. Dentro de las reparaciones se pueden distinguir dos grandes grupos: las asociadas a problemas durables o de degradación de los materiales empleados en la confección del puente y a las reparaciones obligadas por la presencia de daños asociados a un deficiente comportamiento resistente.

Vista de las obras sobre el puente sobre el rio Negro en la línea 740 Ferrol a Pravia en el P.K. 211/830 cerca de la estación de Luarca. Las líneas de lo que en su día fue FEVE están siendo objeto de un cuidado especial debido al estado en que se encontraban.

Para poder prescribir con acierto las reparaciones del primer grupo es necesario conocer de primera mano los procesos asociados a una deficiente durabilidad, por lo que es necesario profundizar tanto en las propiedades petrológicas de las fábricas empleadas como en las acciones durables, climáticas y contaminantes que actúan de manera continuada sobre nuestros puentes.

En ese sentido la mayor parte de los daños detectados en los puentes de fábrica existentes en la actualidad están ligados a procesos de degradación durable, por lo que el conocimiento de las propiedades hídricas de las rocas o fábricas de ladrillo, de la presencia de sales en el entorno o en el agua, de la constitución y texturas de las fábricas se antojan como imprescindibles para poder diagnosticar el problema con precisión y poder prescribir una terapia acertada. No se debe de olvidar que, además del carácter paliativo, toda intervención debe de llevar consigo también actuaciones preventivas. En definitiva, se debe aprovechar la intervención para corregir los problemas detectados, pero se debe estudiar también cómo estabilizar los procesos durables que se encuentran en marcha para no tener que llevar a cabo futuras reparaciones.

Por otra parte, las reparaciones centradas en problemas resistentes deben de ir acompañadas, como ya se ha dicho, de una evaluación certera del mecanismo resistente que ha fallado. Es obligado reconocer que es aquí donde a veces el técnico toma atajos durante el análisis debido a la complejidad y, al frecuentemente desconocido, mecanismo mecánico-geotécnico de estas estructuras tal y como se vio en el Capítulo 1. La diagnosis del problema debe de pasar por una evaluación sincera de la estructura que acabe con una explicación creíble de los daños que incluya un

Vista de las obras sobre el viaducto Fomigal en la línea 740 Ferrol a Pravia situado justo a continuación que el anterior puente sobre el río Negro. En la fotografía se puede observar las tareas de desforestación, limpieza y reparación que ya han sido ejecutadas en algunos de los vanos del viaducto.

contraste entre los resultados de las campañas de auscultación y monitorización, los resultados de los modelos numéricos y del resto de estudios y análisis realizados

En los últimos 30 o 40 años se han desarrollado numerosos estudios que tratan de analizar el funcionamiento resistente de estos puentes desde una perspectiva moderna. Estos estudios se han centrado en todo tipo de aspectos, modos de fallo o colapso, caracterización de los materiales, interacción entre los diferentes elementos del puente (bóveda, relleno, tímpanos, etc.), comportamiento longitudinal y transversal, catalogación de daños, importancia del esviaje en las bóvedas, bóvedas de diferente aparejo, etc. Muchos de estos estudios, por no decir casi todos, se han centrado en el comportamiento de estas estructuras en agotamiento, es decir, próximas al colapso y, hoy en día, se puede decir que existe un consenso entre la comunidad científica de cómo y bajo qué cargas estas estructuras colapsan de manera bastante aproximada.

El nuevo problema ha surgido al detectar que muchos de estos puentes pertenecientes a diferentes administraciones de nuestro entorno y que se encuentran actualmente en servicio, aun arrojando resultados aceptables bajo un análisis en agotamiento, presentan numerosos daños de los llamados resistentes que requieren de reparación/refuerzo. La explicación de esta convivencia de daños presentes y resultados aceptables en el análisis en agotamiento se encuentra en que el comportamiento de estas estructuras en agotamiento, gracias a su gran régimen postcrítico, se encuentra muy alejado de lo que podríamos llamar un comportamiento en servicio adecuado.

En definitiva, que, aunque en un análisis de la capacidad de un puente en concreto se obtengan coeficientes de seguridad muy altos frente al agotamiento, esto no permite asegurar que el puente no vaya a presentar ciertos daños que podíamos denominar "daños de servicio". Estos daños no van a desencadenar el colapso de la estructura, pero están anunciando un cambio en las condiciones originales de trabajo del puente y facilitan que se desarrollen otros procesos asociados a la durabilidad que aceleran y acrecientan el deterioro general del puente acortando su vida útil.

## El puente de Villabona. El último superviviente de los primeros puentes metálicos

En 1864 se inauguran finalmente los tramos vascos de la línea ferroviaria Madrid-Hendaya, considerados los más complejos por la difícil orografía de la zona, y con ellos, los viaductos parejos de Ormáiztegi y Villabona, dos de las grandes obras de ingeniería de la línea que comparten tipología, estética y materiales. El primero

*Página anterior:*
**Viaducto de la Chanca en la Línea Palencia – La Coruña P.K. 431/522. Diferentes materiales en función de las solicitaciones soportadas y los detalles constructivos y decorativos de los que forma parte.**

estuvo en servicio hasta 1995; y el segundo, con 160 años en activo, aún seguirá en pie algunos más, aunque se ha previsto su sustitución, como veremos más adelante.

El puente cruza el río Oria, frontera entre las localidades guipuzcoanas de Villabona y Zizurkil, y actualmente soporta los tráficos de la red de cercanías de Donostia, media y larga distancia, y un gran volumen de mercancías, ya que la línea da servicio al puerto de Pasajes y conecta con Francia por Hendaya. Se resuelve con tres vanos metálicos de luces 14 300 m + 44 730 m + 14 020 m. Los dos primeros, de hierro pudelado (lado Zizurkil y sobre río), son originales de la línea y están formados por celosías múltiples o tipo Town de quinto orden de hierro pudelado. Las celosías del tercer vano (lado Villabona) fueron sustituidas en 1967 por cuatro vigas metálicas de alma llena, permitiendo el tráfico de una primera variante de la N-I, y actualmente de un paseo y carril bici. La subestructura está formada por pilas y estribos de fábrica. Soporta doble vía de ancho ibérico y está electrificada.

Se trata, por tanto, de un puente proyectado y construido para soportar unas cargas que quedaron superadas hace ya muchos años y con una vida útil muy larga, por lo que desde hace ya más de 30 años viene siendo objeto de numerosos estudios, análisis y reparaciones.

En la última obra, en 2022, se llevaron a cabo una serie de actuaciones que tenían por objeto eliminar una limitación de velocidad existente y devolver al puente un nivel de servicio y funcionalidad adecuados al menos para los próximos 10-15 años. Como tareas principales se realizaron las siguientes:

Vista del puente de Villabona en la Línea Madrid Hendaya previa a la obra de rehabilitación. Es este quizás el último puente en celosía múltiple (Town) superviviente en servicio de la red ferroviaria española. Esta celosía de gran canto salva el río Oria con un vano principal de casi 45.0 m.

refuerzo de elementos clave como montantes, diagonales, y un nuevo arriostramiento superior, gateo de la estructura en el estribo y pila del lado Zizurkil para rehabilitar los apoyos metálicos, refuerzo de las pilas de fábrica, nuevos paseos de servicio, pintado integral y protección eléctrica de la estructura. Se trata de operaciones habituales y técnicamente sencillas, pero debido a una serie de factores, como es el hecho de que los materiales que componen el puente son poco comunes (hierro pudelado), que exista una compleja configuración estructural tras haber sufrido varias intervenciones no documentadas y haya habido un aumento de las exigencias en el puente por el crecimiento del nivel de servicio, incluyendo su electrificación alrededor de 1920, surgieron algunos imprevistos durante las obras. Una operación tan simple como la perforación de elementos de hierro pudelado para colocar refuerzos atornillados supuso un primer problema, ya que las brocas empleadas habitualmente se rompían con facilidad, debiéndose acudir a brocas especiales. La pintura fue, quizás, el tema más complejo, el sistema de pintura previsto C5-I (corrosividad muy alta) en tres capas y para más de 15 años era poco compatible con la situación de las vías sobre la cara superior de la estructura, el intenso tráfico ferroviario y la existencia de catenaria, que imposibilitaron el encapsulado total de la estructura. Además, la localización de la obra en zona donde la mitad de los días del año hay precipitación con una humedad relativa generalmente alta, hace que, a las pocas horas de chorrear, apareciera óxido superficial, siendo muy difícil de cumplir los tiempos de curado. Finalmente se resolvió con imprimaciones que admiten cierto grado de humedad y evitando lapsos de tiempo de más de unas horas entre el chorreado y la imprimación.

**Para poder llevar a cabo las tareas de chorreado, limpieza y repintado de la estructura metálica del puente de Villabona se requirió de un andamio encapsulado de toda la estructura debido al entorno en el que se encontraba el puente. Esta manera de proceder asegura un control de los residuos generados.**

en un puente de 160 años de edad, cada elemento tiene una geometría particular, por lo que se dispuso un taller en obra y hubo que crear plantilla de todos los elementos de refuerzo para adaptarlos a la geometría existente, con uniones atornilladas para evitar problemas de fatiga que derivarían de soldar el hierro pudelado. Para la rehabilitación de los apoyos del estribo y pila del lado Zizurkil fue necesario definir un procedimiento de gateo coordinado con centralita electrónica, ya que existían ciertos elementos que daban continuidad a los dos vanos originales y se quería evitar someter a estos a mayores tensiones. Durante las obras, una vez se alcanzó con el andamio colgado la pila del lado Villabona y se retiró la vegetación, se descubrió que los apoyos fijos estaban considerablemente desplazados de su posición y habían provocado la caída de un sillar de coronación, para lo que hubo que diseñar un refuerzo de la pila y restituir con urgencia el sillar caído.

A pesar de que se ha concluido recientemente la rehabilitación y adecuación del puente de Villabona, debido a las nuevas exigencias de tráfico y requerimientos ferroviarios, es necesario sustituir el puente actual. Para ello se ha proyectado un nuevo puente en variante que dejará el antiguo como pasarela peatonal para los habitantes de ambos municipios. El nuevo puente permite el cruce ágil del Oria en curva mediante una solución de puente mixto.

## El viaducto de Martín Gil. El inicio de una nueva época

El viaducto Martín Gil fue construido entre 1934 y 1942, en el contexto de la modernización de las infraestructuras ferroviarias españolas de la primera mitad del siglo XX. Este puente destaca por su diseño curvo y sus trece vanos, entre los cuales resalta un arco principal de hormigón armado con una luz total de 209,80 metros. La conexión Madrid-Galicia se resolvía desde 1883 mediante el rodeo por Venta de Baños-León-Monforte, fruto de la priorización de la red radial preexistente frente a la conexión directa a Galicia. La propuesta de conexión por Zamora-Ourense se reactivó con fuerza en 1913, cuando MZOV convoca el concurso del proyecto de esta línea, pero no es hasta la dictadura de Primo de Rivera con el Plan Preferente de Ferrocarriles de Urgente Construcción (Plan Guadalhorce, 1926), cuando el Estado asume el proyecto y obra, licitándolo por tramos. Durante la Segunda República, el debate sobre la rentabilidad de algunos ferrocarriles llevó a reprogramaciones y parones temporales y, si bien es verdad que antes de la guerra civil ya se atacaban los grandes pasos de sierra: el túnel de Padornelo empezó a perforarse en 1929–1930 y, para alojar personal, se levantó el Campamento de Santa Bárbara (1932), con capacidad para 1500 trabajadores, tras el comienzo de la guerra, la obra quedó interrumpida.

En 1929 se redactaron dos proyectos específicos para el puente; más tarde, la Jefatura de Puentes adoptó la alternativa de Francisco Martín Gil, base del concurso de obras de 1934. El proyecto se aprueba el 30-09-1932; Martín Gil fallece en 1933 y una orden ministerial da su nombre al viaducto. Antes de la paralización (enero de 1937) ya estaban salmeres y accesos del arco y se había montado una pasarela para armar la cimbra de madera prevista por el contratista Max Jacobson.

La Guerra Civil dejó la cimbra de madera inservible (deformaciones, vulnerabilidad al viento, pérdidas de material). En 1939 se recurre a Eduardo Torroja para replantear el procedimiento constructivo del arco: había que salvar el embalse. Su decisión

**Vista del viaducto de Martín Gil sobe las aguas tranquilas del embalse de Ricobayo antes de la intervención.**

fue sustituir la cimbra de madera por una autocimbra metálica rígida tipo Melan: dos cerchas ("cuchillos") soldadas que soportaron el hormigonado por roscas sucesivas y quedaron embebidas como armadura, controlando flechas y tensiones en cada fase sin apoyos en fondo de valle/embalse. La cercha se fabricó en OMES (Obras Metálicas Electro-Soldadas) y el arco lo hormigonó el equipo de Ricardo Barredo, con soldadura eléctrica generalizada y control geométrico con cables y botones de amarre. Como en un arco con autocimbra de tipo Melan, la estructura no es la misma en cada etapa: al principio trabaja solo la cercha metálica (autocimbra); a medida que se hormigonan roscas del arco, aparece una sección mixta acero-hormigón con rigidez y cargas cambiantes; al final, trabaja el arco de hormigón (con la cercha ya embebida como armadura). El cálculo requiere verificar tensiones, deformaciones y estabilidad en cada fase, no solo la estructura terminada. Durante la construcción, la maniobra de corrección en clave se ejecutó con gatos hidráulicos y control geométrico por fases; este episodio aparece en las cronologías técnicas y ayuda a explicar la viabilidad de esta construcción de gran luz bajo las condiciones de la época.

Vista de los andamios iniciales en uno de los arranques del arco que llegó a ser récord del mundo durante unas semanas.

La solución de Torroja permitió materializar una luz teórica de 209,8 m (192,4 m libres) en la España de posguerra, superó los grandes arcos de hormigón armado existentes hasta entonces (Plougastel, 186 m) y mantuvo el récord mundial (apenas unos pocos meses) de su tipología hasta 1943 (Sandö, 264 m). Esta obra demuestra un dominio no solo del cálculo, sino de las implicaciones de

un proceso constructivo complejo: fases, reología, redistribución por endurecimiento y comportamiento mixto con la armadura metálica.

Finalmente, el puente, entró en servicio para la explotación ferroviaria el 24 de septiembre de 1952, con la apertura del tramo Zamora-Puebla de Sanabria. La inauguración oficial del viaducto por parte de Francisco Franco tuvo lugar antes, el 17 de abril de 1943.

El viaducto, por tanto, es considerado una obra emblemática de la ingeniería civil española, no solo por sus dimensiones excepcionales, sino también por las soluciones innovadoras implementadas pese a las limitaciones tecnológicas de la época. Durante décadas, este puente ha simbolizado el progreso técnico y el compromiso con el desarrollo de la infraestructura ferroviaria nacional. Ocho décadas de servicio bajo un ambiente exterior severo (gradientes térmicos amplios, bajas temperaturas, lluvias, vientos, etc.) han producido patologías clásicas de esta tipología: pérdidas de recubrimiento, fisuras, agotamiento de juntas y degradación de la impermeabilización. Como evento extraordinario señalar que el 19 de octubre de 1964 se produjo la explosión de material pirotécnico en un tren de mercancías que acababa de franquear el arco, con la caída de ocho vagones al embalse y un fallecido; los restos afloran en épocas de estiaje (nivel bajo del embalse). A pesar de las operaciones de mantenimientos ordinarios que periódicamente se llevan a cabo sobre él, en 2023

**Durante las obras del verano de 2025 una serie de incendios terribles sacudieron toda la región, por lo que fue habitual convivir durante la obra con los hidroaviones que iban a cargar agua al embalse, siendo capaces de pasar bajo el arco principal tal y como se puede ver en la fotografía.**

se decidió llevar a cabo una rehabilitación integral del mismo, una puesta a cero, al cumplir más de 80 años en correcto servicio. De esta manera, se busca preservar esta emblemática infraestructura del patrimonio español y asegurar su operatividad en el actual contexto del transporte ferroviario para los próximos años. Esta rehabilitación incluye la reparación de los daños existentes, la protección contra futuros deterioros frenando los procesos de daños detectados y la mejora de su estabilidad estructural y funcionalidad ferroviaria.

En este tipo de obras se llevan a cabo una gran variedad de actividades, no por habituales, poco importantes como como la retirada de vegetación, la limpieza de superficies mediante chorro de agua, el saneo y reparación de las secciones deterioradas de hormigón, aplicación de inhibidores de corrosión, impermeabilización. Además, en plataforma también se llevan a cabo mejoras funcionales como la sustitución de las barandillas, la mejora del sistema de drenaje y la optimización del trazado ferroviario.

Quizás lo singular de esta obra no han sido las actuaciones llevadas a cabo, que como ya se ha comentado son las habituales en puentes de esta época y tipología, sino las particularidades de las mismas debido a su localización y exposición y la envergadura del puente, que ha obligado a innovar y a adaptar materiales y técnicas.

Por ejemplo, la existencia del *Delichon urbicum*, especie protegida, en los arcos de los vanos de acceso y, principalmente, en el arco central, obligó a establecer un protocolo coordinado con la Consejería de Medio Ambiente, Vivien-

Reparaciones en el arco principal de hormigón armado del viaducto de Martín Gil. Tal y como se puede apreciar fue necesario sanear gran parte de los recubrimientos de hormigón que se encontraban muy deteriorados hasta llegar a la armadura de la cimbra rígida y a la armadura pasiva (barra lisa) para poder aplicar inhibidores de corrosión y poder reconstruir las secciones posteriormente con morteros adecuados.

da y Ordenación del Territorio de la Junta de Castilla y León para la inspección previa a la instalación de andamios, instalación de mallas de exclusión antes del periodo de cría y reprogramación del frente si se detectaba actividad, colocando de forma preventiva redes antiaves en clave para evitar la anidación. Por otra parte, la presencia de grandes volúmenes de material a reconstituir, llevó a, en lugar de realizar reparaciones puntuales con mortero tixotrópico R4, encofrar y rellenar con mortero fluido, garantizando así la continuidad, la compacidad y la eficacia estructural en zonas de reconstrucción masiva. Otro ejemplo es la adopción de un inhibidor migratorio en base de agua, no inflamable, de acción mixta (anódica/catódica), capaz de migrar en fase líquida y vapor a través de la porosidad del hormigón y formar una capa molecular protectora sobre el acero.

Durante las obras se descubrió una galería interior en el arco principal, no detectada en el proyecto, ni en los estudios previos, ni en vuelos de dron, pero perfectamente conocida por la población local: es el paso longitudinal asociado a la cimbra autoportante, registrable por ambos lados del arco y con escalera de acceso en clave para comunicar con el tablero, que fue reparada y puesta en valor. La galería recuperada quedará disponible para inspecciones y para la lectura de la instrumentación instalada para el futuro control de la corrosión [8 sensores de corrosión capaces de medir simultáneamente potencial de corrosión (Ecorr), velocidad de corrosión (Icorr) de las armaduras, resistividad del hormigón (ρ), y temperatura en varios de ellos], propuesta realizada en colaboración con el Instituto Eduardo Torroja IETcc-CSIC, en el contexto de la obra. También se descubrió en el entorno del estribo oeste un yacimiento arqueológico no inventariado, parte del campamento utilizado en la construcción del puente.

Por último, indicar que, entre diciembre y marzo se desarrolla el largo invierno zamorano, donde el microclima del Esla es especialmente complejo (frío sostenido, nieblas y humedad elevada), lo que condicionó el avance de las obras. Sobre reparaciones recientes aparecieron eflorescencias blanquecinas de forma rápida y extendida; los ensayos de laboratorio confirmaron carbonato cálcico ($CaCO_3$) procedente del mortero cementoso. No era un fallo aislado, sino respuesta del material a baja temperatura y alta humedad. Esto obligó a reducir frentes y a reprogramar tajos: ya que mantener el rendimiento previsto no era viable. Se ensayaron mitigaciones (ajustes de formulación y todo tipo de proveedores, ventanas horarias, lonas térmicas, cortavientos, apoyo de aire y curados conservadores) para tratar de seguir la planificación inicial. En los frentes más expuestos se hibernó la actividad y se ajustaron tratamientos (membrana, imprimaciones, tiempos de curado). Con la llegada de la primavera, las eflorescencias remitieron y se recuperó el ritmo de obra. Con la llegada del esperado verano de 2025, llegaron los terribles incendios, pero eso es ya otra historia.

# PATRIMONIO DESTRUIDO

LA VULNERABILIDAD DE NUESTRO PATRIMONIO DE OBRA PÚBLICA

# LA VULNERABILIDAD DE NUESTRO PATRIMONIO DE OBRA PÚBLICA

*Página anterior:*
Colapso del puente de la Pedrera (Aldea del Fresno, Madrid) durante la dana del 3 de septiembre de 2023.

Estado de la calle Moreras (Letur, Albacete) tras el paso de la dana del 29 de octubre de 2024, acceso al casco histórico. Imagen facilitada por el Ayuntamiento de Letur.

## Conciencia de la vulnerabilidad de nuestro patrimonio

En los últimos años hemos visto cómo fenómenos extremos, que antes se consideraban excepcionales, golpean cada vez con más frecuencia: Danas, avenidas, incendios o sismos se han convertido en protagonistas de episodios que afectan de manera directa a nuestro patrimonio.

Estos fenómenos extremos han puesto de manifiesto la necesidad de ampliar el enfoque tradicional de conservación de nuestros bienes para incorporar un análisis de vulnerabilidad ante este tipo de amenazas. Se trata, en definitiva, de pasar de evaluar no solo el estado físico de nuestros monumentos sino a comprender cómo responden frente a eventos extremos cada vez más frecuentes e intensos. Del mismo modo que los indicadores de conservación han permitido planificar reparaciones, los indicadores de vulnerabilidad permitirán diseñar medidas de adaptación específicas, ajustadas a los riesgos particulares en cada caso.

Esto es así, ya que cuando concurren estos fenómenos no siempre sufren más los bienes que están en peores condiciones o peor estado, sino los más vulnerables ante estos eventos. En la mayoría de las ocasiones, nuestros bienes patrimoniales (que en su gran mayoría se encuentran todavía en uso) fueron proyectados y construidos para unas condiciones de explotación muy diferentes a las que soportan actualmente. Por otra parte, el análisis cuantitativo ante fenómenos extremos estaba fuera de la práctica proyectual, todo ello, sumado a las consecuencias del cambio climático (aumento de frecuencias e intensidad de fenómenos extremos), hace que sea especialmente necesario valorar el riesgo que corren nuestras infraestructuras patrimoniales en el momento actual.

No parece lógico sustituir, corregir o reforzar bienes valiosos desde el punto de vista patrimonial y que se encuentran en un estado de conservación adecuado pero que son muy vulnerables ante estos eventos extremos, pero tampoco parece lógico no querer ser conscientes de su probabilidad de fallo ante estos eventos. Como siempre, será un análisis profundo el que permita alcanzar un equilibrio entre el riesgo asumido y la implantación de medidas adaptativas y de control y monitorización. Esto derivará en una gestión resiliente de nuestros bienes, permitiendo mejorar la capacidad de respuesta y recuperación ante eventos extraordinarios. En otros términos, contribuirá al fortalecimiento de la robustez de nuestros monumentos y a la agilidad en la recuperación tras fenómenos extremos, alineando la conservación estructural con los objetivos de adaptación al cambio climático.

Vista aérea de las obras del nuevo puente de la Pedrera. En la fotografía se puede apreciar el desvío provisional ya construido y en servicio a la izquierda de la imagen, las nuevas pilas del nuevo puente en construcción y entre medias el puente existente colapsado.

## El caso de la dana de septiembre de 2023

La tarde del 3 de septiembre de 2023 y la madrugada siguiente marcaron un antes y un después en la zona suroeste de Madrid. Una dana descargó con fuerza, provocando riadas que desbordaron cauces y colapsaron estructuras. En pocas horas se revisaron los diecisiete puentes de la zona: tres de ellos habían cedido por completo, siete sufrieron colapsos parciales y otros tantos resistieron con daños menores. Entre los destruidos estaba el puente de la Pedrera, pieza catalogada por la Comunidad de Madrid y último representante de una manera de construir que había quedado atrapada entre dos visiones de la ingeniería.

### El puente de la Pedrera

El puente de la Pedrera sobre el río Alberche fue construido en el siglo XVIII por Marcos de Vierna, director de los Caminos y Puentes del Reino durante el gobierno del rey Carlos III. Entre 1761 y 1765 Vierna construyó el primer puente, consistente en una estructura de madera sobre pilas de sillares de granito con tajamares de planta ojival y sombreretes. No obstante, unos veinte años más tarde, en torno a 1787, la madera fue sustituida definitivamente por bóvedas carpaneles de ladrillo. A pesar de ejecutarse en plena Ilustración, es un ejemplo de puente diseñado en base a los saberes tradicionales de los maestros canteros, postura enfrentada a la corriente favorable a los avances científicos y a la aplicación de los nuevos cálculos y teorías constructivas que en ese momento se empezaban a desarrollar en las escuelas politécnicas.

Arcos de medio punto (puente Largo de Aranjuez, de Marcos de Vierna, 1757-1761) en comparación con arcos en "asa de cesto" (puente de Neully de Jean-Rodolphe Perronet, 1768-1774). Fuente: Vallejo (1833).

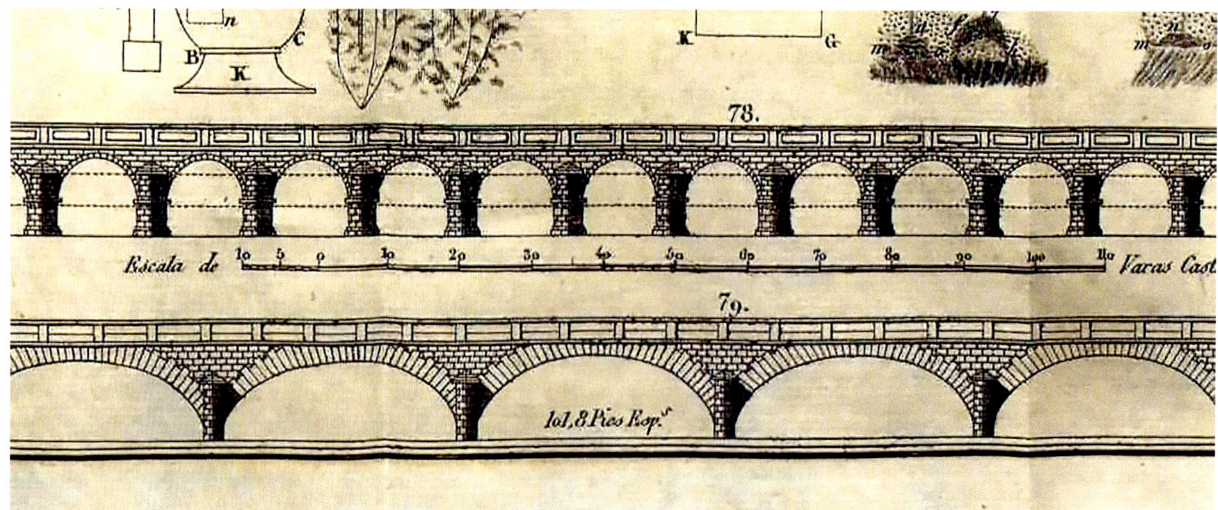

En el siglo XVIII se enfrentaron en España dos visiones diferentes sobre cómo debía ser el diseño y construcción de puentes. La corriente tradicional procedía del siglo XVI y tenía el puente de Segovia de Madrid, del arquitecto renacentista Juan de Herrera, como referente. Defendía los puentes monumentales con muchos vanos de luces pequeñas y pilas anchas (pilas estribos), correspondientes a un procedimiento constructivo donde se cimbraba vano a vano ya que la pila era capaz de soportar el empuje descompensado de cada arco. Esta tipología dejaba poca sección de desagüe, la anchura de las pilas era de aproximadamente ¼ de la luz de las bóvedas, generando el consiguiente efecto presa. Este mal comportamiento hidráulico fue el que impulsó la corriente francesa liderada por Perronet, con menos bóvedas de mayor luz y pilas esbeltas.

Previamente, en 1755, Vierna había construido el puente Largo de Aranjuez siguiendo la estela del maestro madrileño y siguiendo con la visión tradicional española de la construcción de puentes, que contrasta con la visión moderna francesa, representada por Perronet, tal y como se puede apreciar en la imagen anterior.

**Vista de la obra recién terminada. En primer plano se puede ver el Nuevo puente de la Pedrera y tras él, la musealización del puente existente colapsado.**

Posteriormente, ya en octubre de 1936, durante la Guerra Civil, columnas del ejército sublevado al mando del general Varela alcanzaron las orillas del río Alberche en su avance hacia Madrid. El día 14, llegando a Aldea del Fresno, las tropas se encontraron el puente de la Pedrera destruido. El ejército republicano había dinamitado cinco vanos para retrasar el avance de las tropas hacia la capital. La reconstrucción se produjo ya en la posguerra, con pilas de hormigón sobre las originales de granito. Los arcos de hormigón se recubrieron de ladrillo para conservar la apariencia histórica, y el tablero se ensanchó mediante una losa de hormigón armado volada 0,8 m por cada lado.

A comienzos de los años ochenta volvió a transformarse, esta vez bajo la dirección de José Antonio Fernández Ordóñez y Julio Martínez Calzón. Se reconstruyeron las partes más deterioradas y se ensancharon su calzada y aceras para mejorar la fluidez del tráfico y garantizar una circulación peatonal segura, al tiempo que se micropilotaron las pilas para adaptarlas a las nuevas cargas provenientes de la ampliación transversal del tablero.

## La intervención

**El puente de la Pedrera tras la voladura de cinco de sus arcos durante la Guerra Civil Española. Imagen extraída de: Félix García, R. (2023). Destrucción y reconstrucción de puentes en "la marcha hacia Madrid" en la Guerra Civil. Blog Puentes, carreteras y ferrocarriles en la provincia de Toledo.**

Tras la dana de 2023 la emergencia obligó a decidir con rapidez y con responsabilidad. El puente era, a la vez, infraestructura necesaria y bien patrimonial. La decisión no fue sencilla. Había que encontrar un equilibrio entre tres exigencias: la urgencia propia de la catástrofe, el valor histórico y simbólico del puente y la realidad de los caudales hidráulicos del Alberche y de sus afluentes, el Arroyo Grande y el Perales. El puente de la Pedrera era quizá el último exponente de la tradición española de puentes de bóvedas cortas y pilas anchas, una tipología que estaba a punto de quedar desplazada por las nuevas ideas de la escuela politécnica de París, que defendía luces más generosas y pilas esbeltas, más hidrodinámicas pero incapaces de resistir los empujes descompensados de las bóvedas, por lo que requerían de un cimbrado único y de todas las bóvedas. Además, independientemente de su valor técnico constructivo, el puente de la Pedrera además de infraestructura útil ha sido un escenario de nuestra historia reciente, sirviendo de vía de comunicación y económica, fundamental para el suroeste de la región y formando parte de las vidas de los habitantes de la zona. Por todo ello, la intervención debía de salvaguardar el significado tanto social como técnico que tenía el puente.

La emergencia imponía un ritmo implacable. Aldea del Fresno había quedado incomunicada y era necesario restablecer los accesos en cuestión de semanas, no de años. Y la hidráulica era determinante: los registros mostraban que la avenida de septiembre había superado en un setenta por ciento el caudal previsto para un periodo de retorno de quinientos años. Se estaba ante un escenario climático nuevo que exigía mayor capacidad de desagüe para cualquier infraestructura futura.

Vista de la pasarela que salva las ruinas de las pilas colapsadas durante la dana. Pilas giradas y hundidas pueden ser visitadas desde la pasarela con suelo de tramex que salta sobre ellas permitiendo ver sus detalles constructivos y como el río ha tomado de nuevo el control.

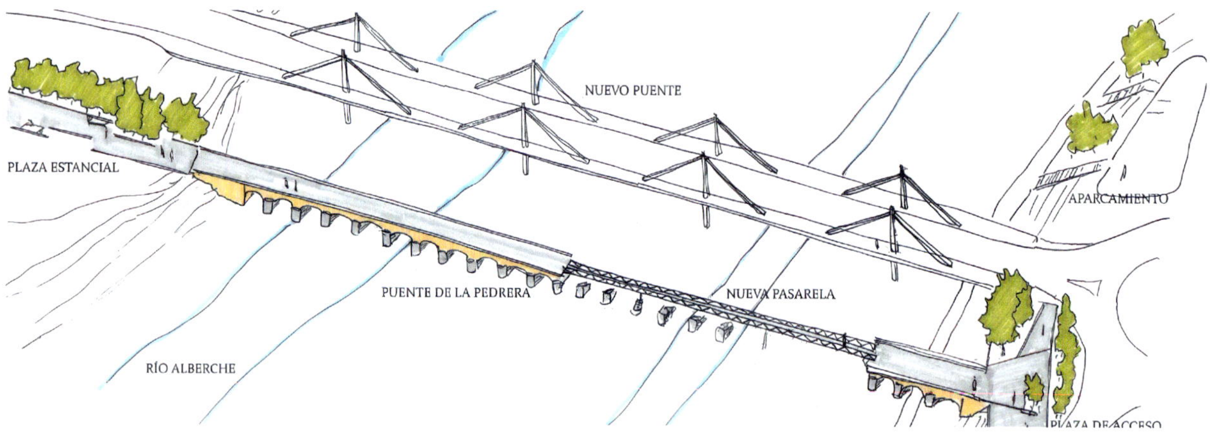


Esquema de la intervención planteada. Musealización de la ruina, ejecución de un nuevo puente y recuperación del entorno creando itinerarios y zonas estanciales.

Tras varias reuniones entre la Dirección General de Patrimonio y la Dirección General de Carreteras de la Comunidad de Madrid, y después de realizar nuevos estudios hidráulicos con diferentes escenarios climáticos, la decisión estaba clara: musealizar la ruina existente y construir un nuevo puente aguas arriba, capaz de responder a las exigencias actuales. Reconstruir fielmente el puente original con técnicas tradicionales se descartó no solo por el tiempo que hubiera requerido, sino porque el resultado habría sido, con toda probabilidad, efímero (las previsiones indicaban que nuevas avenidas extremas lo pondrían en riesgo inmediato). A pesar de que en la intervención de 1981, y con motivo de la ampliación de la plataforma, se micropilotaron todas las pilas, la fuerza del agua en la dana del 2023 junto con el material arrastrado por la corriente fue capaz de volcar las pilas arrancando los micropilotes. El problema hidráulico del puente de la Pedrera era al mismo tiempo el que le daba su valor patrimonial, ser uno de los últimos ejemplos de puentes de vanos cortos y pilas anchas.

Conservarlo significaba aceptarlo como ruina. Derribarlo sin más, para reutilizar sus piezas en el futuro, hubiera sido una renuncia innecesaria. Mantenerlo en el estado en que lo dejó la dana, con pilas giradas y semienterradas, suponía dejar que la naturaleza tomara el mando del territorio y, al mismo tiempo, construir al lado una infraestructura moderna que demostrara lo aprendido en dos siglos de ingeniería. La ruina quedaba convertida en testimonio y en aula, un espacio para enseñar cómo eran los puentes de finales del XVIII, cómo se levantaban sus bóvedas, cómo se disponían sus tajamares y cómo dialogaban —a veces mal— con el agua que tenían que vencer.

La ejecución de un nuevo puente y la musealización de la ruina del preexistente fueron desde el principio actuaciones paralelas. Si bien es verdad que las obras de emergencia tenían como prioridad restituir el tráfico rodado y peatonal entre ambas márgenes del río Alberche, en el menor plazo posible y atendiendo a criterios de eficiencia técnico económica, desde el inicio de las intervenciones se tuvo en cuenta la necesidad de proteger el puente histórico, por lo que los trabajos realizados en ambos puentes estuvieron en todo momento estrechamente coordinados.

Además, fue necesario acometer una tercera obra, un desvío provisional proyectado y construido para tener una vida útil de un año. Este ejemplo de ingeniería efímera planteó unas novedosas bases de cálculo acorde con la vida útil prevista de la misma (las acciones de diseño tuvieran periodos de retorno de solo T=10 años en lugar de T=500).

El nuevo puente, más esbelto, con vanos amplios y un tablero que apenas se oponía a la corriente, era la respuesta contemporánea al reto hidráulico. La tipología estructural elegida, un atirantado rígido de vanos compensados de 47 m de luz, suponía el menor obstáculo posible al agua por la esbeltez de su tablero. La musealización del puente preexistente pretende poner el valor los puentes de bóvedas en general y el puente de la Pedrera en particular, mostrando sus elementos constructivos, sus debilidades y sus aciertos. Entre ambos se generó un itinerario alrededor del cauce del río Alberche y de ambas obras, con pasarelas que permiten ver las pilas desde arriba, miradores que invitan a contemplar el cauce y un sendero fluvial que enlaza historia, paisaje y vida cotidiana.

## El caso reciente de Letur y Tarazona. Conjuntos histórico artísticos en el borde

Hay pueblos cuyo encanto radica en vivir al borde. Letur, en la provincia de Albacete; y Tarazona, en Zaragoza, comparten ese destino: la belleza de estar colgados sobre barrancos o escarpes, con el riesgo inherente que esa condición supone. Lo que les da valor patrimonial es, al mismo tiempo, la fuente de su vulnerabilidad. Ambos, declarados Conjuntos Histórico Artísticos, encarnan una paradoja evidente: el rasgo que les confiere autenticidad —su implantación en el borde, en diálogo íntimo con el relieve y la geotecnia— es también el principal vector de fragilidad. Esa vulnerabilidad es hidrogeomorfológica y geotécnica. El agua, tanto en superficie como en el subsuelo, reordena el sustrato, eleva presiones intersticiales, socava apoyos y desencadena mecanismos de daño que ponen en riesgo fábricas históricas y conexiones entre forjados y fachadas. En la práctica, esta realidad obliga a leer el patrimonio dentro del marco geotécnico y de la Directiva de Inundaciones, atendiendo a cartografías oficiales y mapas de peligrosidad y riesgo. Y todo ello bajo un clima que, con episodios de precipitación cada vez más intensos, convierte a las dana en disparadores frecuentes de procesos torrenciales que, en cuestión de horas, pueden pasar de ser una amenaza latente a tener consecuencias fatales.

## Letur: trazado islámico, sustrato travertínico y actuaciones tras la dana de 2024

Letur, declarado Conjunto Histórico Artístico en 1983, conserva un trazado islámico de calles tortuosas, adarves y miradores, con una arquitectura de tapial, mampostería y madera que dialoga con el travertino sobre el que se asienta. Ese travertino, poroso y a menudo karstificado, almacena agua y la conduce en silencio, debilitando el sustrato. Muchos barrancos que antes servían de defensa natural fueron colmatados y convertidos en calles. Esos rellenos heterogéneos, frágiles en presencia de agua, fueron el origen de los colapsos registrados durante la dana de octubre de 2024, que descargó 230 litros por metro cuadrado. El arroyo abandonó su cauce urbanizado, irrumpió en el tejido urbano y provocó hundimientos y asientos en las calles Barranco y Alemana, así como en el mirador de la Molatica.

La declaración de Bien de Interés Cultural reconocía precisamente este valor singular: un paisaje urbano compacto, de bordes colgados y relación íntima con

Primeros momentos de subida del caudal en el tramo canalizado del arroyo de Letur, en el puente de la avenida de la Guardia Civil, a la entrada del casco urbano, con agua ya cargada de sedimentos y arrastres. Este ascenso súbito precedió a la avenida principal, que desbordó el cauce y anegó las calles históricas en cuestión de minutos. Imagen facilitada por el Ayuntamiento de Letur (Albacete).

el relieve, donde las fábricas de tierra y cal, los zócalos pétreos y las soluciones vernáculas de evacuación de agua eran parte inseparable de la identidad del lugar. Pero esa misma condición de villa colgada sobre barrancos la hacía extremadamente vulnerable. La dana del 29 de octubre de 2024 lo puso en evidencia: el arroyo de Letur, nacido en las sierras de los Estepares y de la Umbría de Mata, abandonó su cauce colmatado y urbanizado y, siguiendo un itinerario secundario, irrumpió en el corazón del casco histórico. El resultado fue demoledor: viales hundidos, lavados bajo los pavimentos, fisuras en paramentos y grietas que se abrieron en suelos y fachadas, sobre todo en las zonas más expuestas a la concentración del caudal.

La clave estaba en la base geológica. Letur se alza sobre un promontorio de toba calcárea, un material carbonatado muy poroso que, con el tiempo, desarrolla cavidades y conductos internos. Esa estructura abierta se convirtió en una debilidad cuando la población creció y los antiguos barrancos fueron colmatados para transformarse en calles. Bajo esos viales, los perfiles estratigráficos muestran rellenos de baja compacidad apoyados en travertinos alterados y, más abajo, sustratos competentes. Esta heterogeneidad explica los asientos diferenciales y los colapsos que aparecen cada vez que la escorrentía superficial y el flujo sub-

Mapa de Letur tras la dana, con los principales puntos afectados y el recorrido del arroyo. La cartografía distingue el estado de las edificaciones y zonas impactadas: posiblemente dañado (amarillo), dañado (naranja), destruido (rojo) e inundado (azul). Fuente: RTVE Noticias, "Estragos de la dana en Letur: casas derruidas y campos inundados", 11/11/2024.

terráneo coinciden y reorganizan el subsuelo. Durante la dana, las aguas rápidas que bajaban por los corredores antiguos se unieron al movimiento silencioso en las cavidades, provocando deslizamientos, socavaciones y un rosario de asientos en todo el entorno del mirador.

El casco histórico de Letur figura además en las Áreas de Riesgo Potencial Significativo de Inundación de la Demarcación Hidrográfica del Segura, lo que significa que su vulnerabilidad estaba ya reconocida en la cartografía oficial. A ello se suma el riesgo sísmico regional, con aceleraciones básicas que, sin ser extremas, pueden interactuar con estados tensionales muy próximos al umbral de resistencia en fábricas tradicionales. Todo ello dibuja un panorama donde los retos no son solo técnicos, sino también patrimoniales: estabilizar sin desvirtuar, modernizar sin borrar, convivir con el agua sin negar su paso.

**Vista aérea de Letur (julio de 2025) de la zona de avenida. La riada, tras seguir el corredor del Arroyo de Letur, se desbordó dentro del casco urbano. La elevada pendiente y el encajonamiento entre edificaciones incrementaron la velocidad y el poder erosivo del agua, que descargó finalmente en el barranco, donde el flujo encauzado produjo una intensa socavación y el deslizamieto del parte del mirador.**

La intervención no podía consistir en hacer más fuerte al pueblo de manera indiscriminada. Había que reorganizar la relación entre la villa y el barranco, estabilizar los bordes mediante pantallas profundas, crear nuevas plataformas urbanas micropilotadas sobre los rellenos, introducir drenajes y galerías visitables que ordenaran saneamiento y abastecimiento, y al mismo tiempo recomponer la identidad urbana con pavimentos que recuperaran el sabor de lo tradicional. El mirador de la Molatica se sostuvo con una pantalla de pilotes coronada por una losa de hormigón que no solo sujetaba el borde deslizado, sino que también ofrecía un gesto arquitectónico: un voladizo convertido en espacio estancial, mirador y lugar de encuentro. Las calles Barranco y Alemana pasaron a apoyarse sobre una nueva losa micropilotada que integraba bajo sí galerías de servicios y un aliviadero capaz de convivir con futuras avenidas sin colapsar el tejido urbano.

La precisión de la intervención se apoyó en la instrumentación más avanzada: vuelos de dron, modelos LiDAR y fotogrametría de detalle sirvieron tanto para diseñar como para establecer un sistema de seguimiento futuro. Y junto a la ingeniería se cuidó el urbanismo. Pavimentos de canto rodado y cerámica, evocaciones de acequias antiguas y una plaza mirador recuperada con vegetación autóctona devol-

**Plano de la zona de actuación en el casco histórico, correspondiente al Proyecto de tratamiento y reparación de los daños ocasionados por la dana de 2024 en las calles Barranco y la Alemana (2025).**

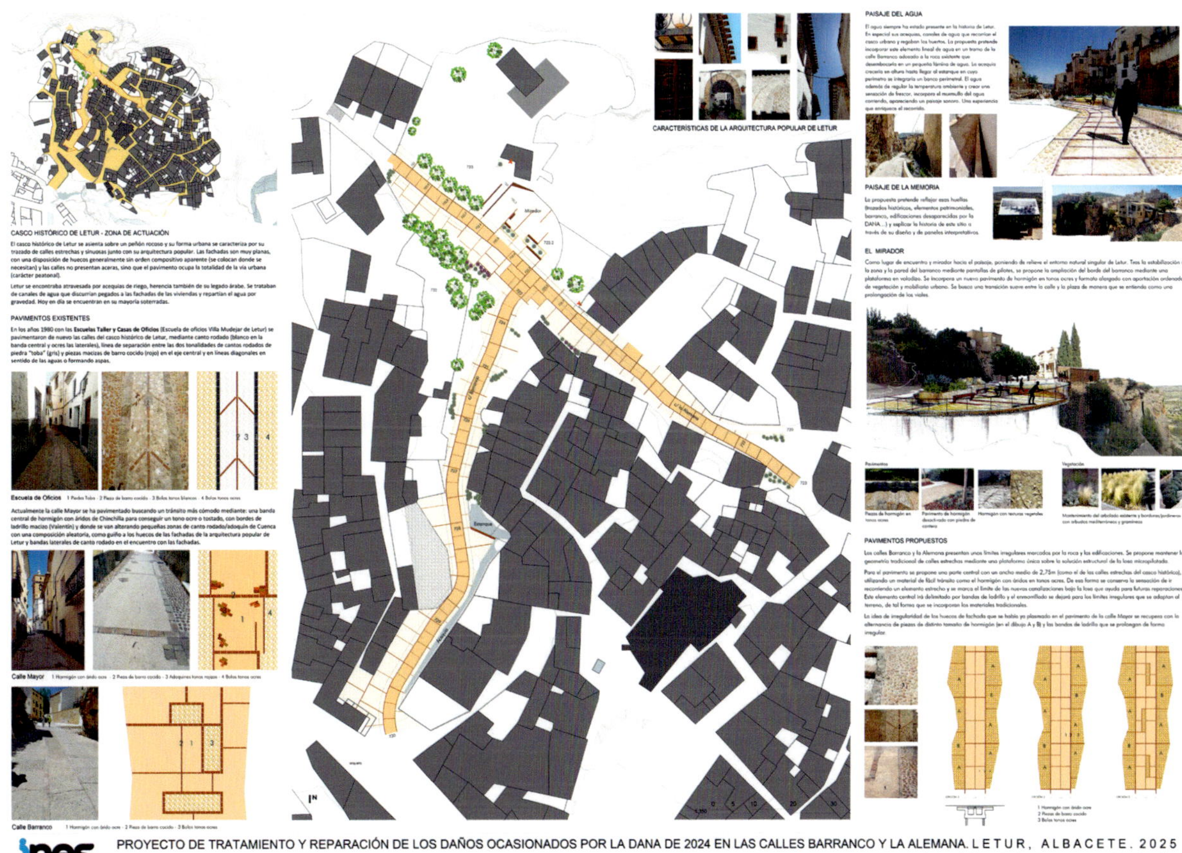

vieron al conjunto su carácter. El cableado aéreo se redujo, el tráfico rodado cedió espacio al peatón, y la villa volvió a ser lo que había sido siempre: un lugar donde el paisaje urbano y el relieve natural conviven en un delicado equilibrio.

## Tarazona: la Judería y las Casas Colgadas ante la dana de 2025

Tarazona vive una condición parecida a Letur en su barrio de la Judería. Allí las Casas Colgadas se asoman al escarpe con un equilibrio que parece desafiar la gravedad. La ciudad fue declarada Conjunto Histórico Artístico en 1965 y su valor patrimonial reside en la pervivencia del urbanismo medieval —el Cinto, la propia Judería— y en una arquitectura que se apoya en el borde, con viviendas cuyo trasdós vuelca sobre la calle Judería. Esa forma de habitar, íntimamente ligada al relieve, es uno de los rasgos de identidad del casco antiguo. En julio de 2025, entre los días 11 y 12, una dana descargó precipitaciones muy intensas; de madrugada, el 14, se produjo un desprendimiento en la base del escarpe bajo las Casas Colgadas que obligó a evacuar preventivamente varios inmuebles de la calle Conde y a cerrar el ámbito por riesgo de inestabilidad. Las inspecciones municipales y

Izquierda (julio de 2025): desprendimiento y gran socavón en la base del talud, con pérdida de apoyo, bloques caídos y viviendas en voladizo; inicio de la fase de emergencia. Derecha (noviembre de 2025): tras el apuntalamiento parcial interior, se ejecutan el saneo del talud, el relleno con hormigón proyectado y los anclajes de estabilización, en los últimos estadios de la emergencia

autonómicas confirmaron la necesidad de una actuación urgente. La secuencia técnica era clara: lluvia intensa, saturación de niveles débiles, pérdida de apoyo. El peligro no estaba en lo visible, sino en lo que había desaparecido bajo tierra.

La geología del frente explicaba el comportamiento. La base del escarpe está formada por margas y arcillas parcialmente litificadas, de apenas tres metros de potencia media, muy sensibles al agua y a los ciclos de humedad y secado. Encima apoya un conglomerado mal cementado que, tras el colapso del nivel arcilloso, quedó en voladizo con alrededor de un metro de vuelo y fisuración visible en su intradós. El vacío generó un arco natural de descarga bajo la fachada que debía salvar una luz efectiva del orden de decenas de metros en el frente afectado.

Se estimaron en torno a doscientos metros cúbicos de material desprendido, generando un hueco de hasta tres metros de profundidad y con una altura variable que oscilaba entre cinco y once metros, sobre una base de aproximadamente sesenta metros cuadrados. A esta pérdida de volumen se sumaba la presencia de bloques de gran tamaño, la disgregación interna del conglomerado y una pérdida evidente de confinamiento, todos ellos síntomas de una inestabilidad activa y en progresión. En este escenario, el edificio de la calle Conde número 15 era un perfecto ejemplo representativo de la tipología local: una construcción de cuatro plantas, con muros de carga de fábrica —mampostería enfoscada en los niveles inferiores y paños de ladrillo en los superiores— y forjados de madera de luces irregulares que no guardaban alineación paralela con la fachada. En las plantas altas, la superficie útil se ampliaba gracias a un cuerpo volado apoyado en ménsulas de ladrillo y madera, rasgo distintivo de las llamadas casas colgadas. Hacia la Judería, los muros apoyaban casi directamente sobre el conglomerado; la desaparición del nivel margoarcilloso inferior dejó la fachada sustentada de

**El escarpe que durante siglos dio ventaja defensiva a las Casas Colgadas es hoy su principal debilidad. La misma roca blanda que permitió excavar cuevas y bodegas para el vino —y que hizo de Tarazona una ciudad íntimamente adaptada a su relieve— se convierte ahora en un punto crítico cuando entran en juego la falta de mantenimiento y la escala creciente del agua.**

forma precaria sobre un arco natural de descarga de apenas un metro de canto y metro y medio de ancho. Se identificó además una estructura metálica interior, formada por perfiles UPN y escuadras, pero sin conexión eficaz con los forjados, incapaz de garantizar un comportamiento solidario en caso de fallo del borde. Tras el desprendimiento, los apeos y acodalados en planta baja ofrecieron sólo una eficacia limitada. Los daños resultaban elocuentes: fisuras distribuidas en todas las plantas, grietas paralelas a la fachada en el arranque de cimentación, continuidad de fisuras por el solado, despegues en encuentros entre forjados y paramentos con aperturas de hasta ocho o diez centímetros, desplome del plano de fachada hacia la Judería y grietas en el arco de descarga inferior. A ello se añadía una red de fisuración oblicua en plantas superiores y daños secundarios en tabiquerías y carpinterías. El conjunto dibujaba un patrón inequívoco de pérdida parcial de apoyo con descensos diferenciales y transmisión de tracciones a toda la envolvente, lo que configuraba un riesgo elevado de colapso local y la posibilidad de arrastre progresivo de forjados y cubierta hacia el vacío.

La solución fue prudente y contenida, ajustada al condicionante más crítico: el riesgo de un colapso súbito del arco natural y, con él, de todo el borde de fachada. En esas condiciones resultaba impensable retirar escombros o ejecutar cimentaciones vistas con operarios bajo la línea de posible fallo. La única vía era intervenir con la mínima exposición. Se recurrió a la proyección robotizada de hormigón estructural con acelerante y fibras, aplicada desde cota inferior en bataches sucesivos, conformando una pendiente estabilizadora tres a uno que fue estribando el arco natural a medida que se retiraban los bloques sueltos. Con esa primera seguridad ganada, el frente se perfiló cuidadosamente, se ejecutó un bulonado sistemático en el trasdós rocoso —con longitudes preliminares de seis a nueve metros—, se instalaron drenes californianos para aliviar sobrepresiones y se retiraron de forma controlada los elementos inestables. Todo el proceso se acompañó de una auscultación geométrica diaria mediante estación total, con dianas fijadas en jambas, esquinas de mampostería, alfeizares y ménsulas, bajo umbrales de alarma de un milímetro al día o tres por semana, que obligaban a revisar e incluso detener los trabajos si se alcanzaban. No hubo espacio para gestos espectaculares, solo para la serenidad técnica que permitía garantizar la vida de un bien cuya esencia es, precisamente, seguir colgado del escarpe. La fase siguiente, ya en marcha, completará el ciclo con la ordenación de las escorrentías de coronación, drenajes, sellados discretos y una recomposición urbana coherente con el carácter de Bien de Interés Cultural: minimizar equipos bajo el frente, evitar vibraciones y sobrecargas, y documentar cada paso mediante fotogrametría, topografía y registros detallados de proyección. La verdadera puesta en valor llegará después, cuando la emergencia dé paso a la explicación al visitante de la singularidad de estas casas y a una vigilancia preventiva que asegure su permanencia. Porque el cuidado patrimonial no termina con la obra; empieza de nuevo en la gestión continua del riesgo.

## Conservar en el filo: leer el terreno, gobernar el agua

En Letur y Tarazona la enseñanza es inequívoca: el agua manda. Su valor patrimonial nace precisamente de apoyarse en barrancos y escarpes, pero esa misma condición concentra el riesgo geotécnico. En Tarazona, la dana de julio de 2025 vació el nivel margoarcilloso de base y dejó el conglomerado en voladizo, obligando a una fachada entera a sostenerse sobre un arco natural improvisado, con un hueco de hasta tres metros y doscientos metros cúbicos de material desprendido. Los despegues de hasta un centímetro y la fisuración generalizada confirmaban que la inestabilidad era activa y que

Tramo encauzado del Arroyo de Letur antes de su entrada al casco histórico, en los primeros estadios del episodio de avenida. El nivel del agua llegó a alcanzar el segundo nivel de ventana de la vivienda situada a la izquierda de la imagen. Al fondo se distingue el paso elevado de la calle de la Guardia Civil.

solo podía afrontarse con mínima exposición, control del agua y auscultación milimétrica. En Letur, la porosidad de la toba y los rellenos heterogéneos de antiguos barrancos explicaban los asientos diferenciales, el lavado de finos y los colapsos locales cada vez que coincidían escorrentías superficiales y flujos subterráneos. Allí, como en Tarazona, la amenaza fue hidráulica y climática; la vulnerabilidad, geotécnica y estructural; y el equilibrio, siempre delicado, dependía de materiales porosos, heterogéneos y en tensión con el relieve.

Gestionar este tipo de patrimonio exige superar el diagnóstico clásico del "estado de conservación". No basta con describir lesiones o valorar el aspecto: es necesario combinar indicadores hidráulicos, geotécnicos, estructurales y de exposición, verificar estados límite de deslizamiento, vuelco y asiento, e incorporar enfoques probabilistas que relacionen la intensidad de la amenaza con la respuesta y el daño probable. No es un capricho metodológico, sino una exigencia reconocida en la práctica internacional —como subrayan la UNESCO, ICCROM o ICOMOS— y en proyectos europeos como PROTHEGO, que han puesto el acento en la monitorización y en la lectura de riesgos geotécnicos para priorizar recursos.

Predecir, sin embargo, nunca es sencillo. Hay tres razones que lo explican: los nuevos escenarios climáticos, que dejan fuera de juego las series históricas; la existencia de umbrales y no linealidades, donde pequeños cambios piezométricos pueden desencadenar fallos desproporcionados; y la heterogeneidad métrica del sustrato, desde los travertinos karstificados y rellenos antrópicos de Letur hasta los contactos de conglomerado y margas en Tarazona, con cimentaciones siempre al límite. Ante este panorama, la única salida sensata es gobernar por umbrales, apoyarse en cartografías de peligrosidad y planes de riesgo basados en escenarios climáticos realistas, e instrumentar los bienes para conocer en tiempo real su vulnerabilidad.

En la práctica, intervenir en estos conjuntos no significa arreglar daños, sino reconfigurar la relación entre la obra y su medio. En Letur, la estrategia pasa por admitir las avenidas, aliviar presiones y reducir arrastres con pantallas, micropilotes y drenajes, a la vez que se mantienen materiales compatibles y se protege la imagen urbana. En Tarazona, la intervención ha de ser quirúrgica, diseñada para la seguridad de los trabajadores y para dejar constancia de la actuación mediante documentación exhaustiva, al tiempo que se transmite al visitante el valor de esa arquitectura colgada. La resiliencia de estos lugares no se consigue blindando sus estructuras, sino aceptando el diálogo con el medio que los hizo posibles.

*Página siguiente:*
**Salto del arroyo Letur en la Charca de los Canales, durante la dana del 29 de octubre de 2024, era el caudal que bajaba por el cauce natural; gran parte de la riada siguió el trazado histórico por la calle Barranco, con consecuencias fatales. Imagen facilitda por el Ayuntamiento de Letur.**

## Un último apunte: el clima como amenaza y reto para la conservación

Los casos que hemos visto —la Pedrera, Letur y Tarazona— nos recuerdan que, más allá de su estado de conservación, el patrimonio vive expuesto a un actor que no podemos controlar: el clima. Salvo en los puentes, donde las nuevas condiciones de explotación a las que están sometidos pesan tanto como el lugar, la mayor parte de nuestro legado cultural depende de cómo evolucionan el agua, el calor, el viento y el terreno sobre el que se asienta. El clima ya no es un telón de fondo, es un actor principal, y su transformación está alterando las reglas del juego.

Existe un consenso claro: los patrones climáticos están cambiando, y lo hacen más deprisa de lo que nuestra memoria colectiva alcanza a procesar. Temperaturas en ascenso, lluvias menos frecuentes pero más intensas, sequías más largas, un mar que gana terreno y océanos que se vuelven más ácidos. En España, con su diversidad climática entre el Atlántico y el Mediterráneo, los efectos se perciben con nitidez: la temperatura media ha subido alrededor de 1,7 °C desde mediados del siglo XX, por encima de la media global, y las proyecciones auguran entre 2 y 4 °C más hacia finales de este siglo. Ese calor creciente dilata la piedra, seca y agrieta los terrenos, abre fisuras en los morteros, fatiga las juntas y acelera los procesos físicos y químicos que provocan el desvanecimiento, la pérdida de color y el desprendimiento de las capas murales.

La lluvia también ha cambiado de guion. Aunque los días con precipitación han disminuido ligeramente en la actualidad —tendencia que se prevé se intensifique en el futuro hasta alcanzar una reducción del 40% respecto a los registros históricos—, cuando llueve, lo hace con mayor intensidad. El percentil 95 de la precipitación diaria ha aumentado un 10% en comparación con el periodo 1970-2000, y las proyecciones indican que podría incrementarse hasta un 30% en la zona central de la península, lo que significa tormentas más torrenciales capaces de erosionar suelos arqueológicos, socavar apoyos y saturar rellenos. No es casualidad que en Letur el agua encontrara sus antiguos corredores y reorganizara el subsuelo, ni que en Tarazona el nivel arcilloso se deshiciera en horas. En montaña, mientras tanto, la temporada de nieve se acorta y los ciclos de hielo deshielo, antaño tan dañinos, empiezan a perder fuerza: una pequeña tregua dentro de un panorama general de mayor agresividad climática.

La costa aporta su propio aviso. El nivel medio del mar ha subido entre 15 cm y 25 cm desde 1900, con un ritmo que en las últimas décadas casi se ha duplicado. Para mediados de siglo se esperan entre 10 cm y 25 cm más, y hacia 2100, entre 30 cm y 100 cm según las emisiones. Esto acerca el embate del mar a monasterios, fortificaciones y pueblos costeros que nunca habían tenido al agua tan cerca. A la subida se suma la acidificación oceánica: desde 1985, la acidez ha aumentado un 15 %, suficiente para acelerar la descarbonatación de la caliza, debilitar morteros y corroer metales. El Castillo de Sancti Petri, las murallas de Cádiz y el Castillo de San Sebastián mencionados anteriormente, son claros ejemplos en los que las labores de conservación y mantenimiento futuras deben tener estos aspectos en cuenta y adaptarse a las nuevas condiciones de contorno.

Todo ello nos obliga a un cambio de mirada. El diagnóstico clásico del "estado de conservación" ya no basta. Hay que combinar indicadores hidráulicos, estructurales y de exposición con modelos que expliquen cómo responden el terreno y los materiales históricos ante amenazas cada vez más extremas. Se trata de pasar de la fotografía estática al mapa dinámico, de aceptar que existen umbrales y no linealidades, y de gobernar la incertidumbre con monitorización, escenarios climáticos y estrategias de adaptación.

Además de incorporar medidas de adaptación que refuercen la resiliencia frente a la nueva intensidad y frecuencia de los eventos extremos, los planes de mantenimiento y conservación basados en el diagnóstico clásico del estado de conservación deberán también ser revisados y actualizados. Solo así podrán responder a la realidad futura que se perfila ante nosotros y evitar la degradación acelerada de los materiales y la pérdida de su valor histórico. Los nuevos condicionantes climáticos, distintos en cada territorio, transformarán poco a poco la exposición y, por tanto, el comportamiento de los bienes patrimoniales tal como hoy los conocemos.

Pero este panorama, por más duro que parezca, no tiene por qué escribirse en clave de derrota. La historia del patrimonio es también la historia de su resistencia: catedrales que sobrevivieron a terremotos, puentes que se levantaron de nuevo tras guerras, villas enteras que se adaptaron a epidemias, incendios y avenidas. Cada época tuvo que reinventar sus herramientas y, con ellas, su manera de proteger lo valioso. Nosotros contamos con un recurso que multiplica esa capacidad: la tecnología. Los sensores y la fotogrametría nos permiten leer el detalle; el LiDAR abre la geometría completa; los satélites, a través de técnicas InSAR, detectan desplazamientos milimétricos en el terreno y en las fábricas históricas; los gemelos digitales integran toda esa información en modelos dinámicos; los escenarios climáticos de alta resolución nos anticipan futuros posibles; y la inteligencia artificial, aplicada a la detección de patrones, ayuda a reconocer antes lo que antes pasaba inadvertido. Esa constelación de herramientas, combinada con la sensibilidad patrimonial, puede convertir lo que ahora es amenaza en oportunidad: conocer mejor, intervenir con mayor precisión y anticiparnos a los riesgos.

En definitiva, igual que otros antes que nosotros supieron enfrentar los cambios de su tiempo, también lo haremos nosotros. La clave será integrar conocimiento y tecnología en una nueva cultura del cuidado: una en la que conservar no sea resistirse al cambio, sino aprender a convivir con él.

# BIBLIOGRAFÍA

## Capítulo 1

- Jaques Heyman, The Stone Skeleton: Structural Engineering of Masonry Architecture. Cambridge University Press. 1955.
- D. Ferretti, I. Iori, R. Riva, *Un approccio allo studio della stabilità delle antiche torri: il crollo della torre civica di Pavia*. STUDI E RICERCHE – Vol 19. 1998
- José Antonio Martín-Caro, Análisis estructural de puentes arco de fábrica. Criterios de Comprobación. Tesis doctoral. 2001.
- J. L. Martínez, J. León, J.A. Martín-Caro, H. Corres, *Análisis de la sección transversal de la catedral de Palma de Mallorca.* II Congreso ACHE: "Puentes y Estructuras de Edificación", Madrid, 2002
- José Luis Martínez, Determinación teórica y experimental de diagramas de interacción de esfuerzos en estructuras de fábrica y aplicación al análisis de construcciones históricas. Tesis doctoral. 2003
- Illán Paniagua, Metodología de evaluación y análisis de materiales de los puentes de fábrica de la red ferroviaria. Tesis doctoral. 2007
- Ensayo a rotura del Puente "Riera de Rubí". Línea Tarragona Barcelona Francia. Trabajo no publicado. 2007.

## Capítulo 2

- Estrabón. Geografía. Obra completa. Madrid: Editorial Gredos
- García Bellido, Antonio (1993). España y los españoles hace dos mil años, Madrid. Espasa Calpe.
- Herodoto de Halicarnaso. Historia Libro I. Traducción y notas por Carlos Schrader. Los clásicos de Grecia y Roma. Editorial Gredos.
- INES Ingenieros consultores y Gestión Integral del Suelo. "Proyecto de recuperación del Castillo de Sancti Petri. T.T.M.M. de San Fernando y Chiclana". Ministerio de Medio Ambiente. Secretaria de Estado de Aguas y Costas. Dirección General de Costas. 2004
- INES Ingenieros Consultores. "Recuperación y rehabilitación del molino de mareas "El caño". T.M. El Puerto de Santa María. Cádiz". Ministerio de Medio Ambiente. Secretaria de Estado de Aguas y Costas. Dirección General de Costas2006
- INES Ingenieros Consultores. "Levantamiento topográfico y de daños de los distintos elementos que componen el conjunto edificatorio del Castillo de San Sebastian y de la Avanzada de santa Isabel. Cádiz". Ministerio de Medio Ambiente. Secretaria de Estado de Aguas y Costas. Dirección General de Costas. 2009
- INES Ingenieros Consultores. "Estudios geotécnicos y de estabilidad estructural para el análisis del estado de conservación de los distintos elementos que componen el conjunto edificatorio del Castillo de San Sebastian y de la Avanzada de Santa Isabel. Cádiz". Ministerio de Medio Ambiente. Secretaria de Estado de Aguas y Costas. Dirección General de Costas. 2009
- INES Ingenieros Consultores y LOGGIA Gestión del Patrimonio Cultural. "Proyecto de Rehabilitación del Real Carenero y Restauración de las Baterías defensivas en el Sito histórico "PUENTE SUAZO Y FORTIFICACIONES ANEJAS". Ministerio de Fomento. Dirección General de Carreteras. 2010
- INES Ingenieros Consultores. "Estudio integral para la reparación de las murallas marítimas de la ciudad de Cádiz" . Ministerio de Medio Ambiente. Secretaria de Estado de Aguas y Costas. Dirección General de Costas2014
- INES Ingenieros Consultores. "Propuesta de actuación de emergencia en las murallas de Cádiz: Campo del Sur y Dominio público marítimo terrestre del Baluarte de San Roque". Ministerio de Medio Ambiente. Secretaria de Estado de Aguas y Costas. Dirección General de Costas. 2014.
- INES Ingenieros Consultores. "Proyecto para la reparación de las murallas marítimas en la ciudad de Cádiz". Tramo del Baluarte de San Roque. ". Ministerio de Medio Ambiente. Secretaria de Estado de Aguas y Costas. Dirección General de Costas. 2015

## Capítulo 3


- Aguilar Civera, I. (1998). Aqruitectura industrial. Concepto, método y fuentes. Valencia: Diputació de Valéncia.
- Bailey Davier, J., & Vizcarrondo, J. R. (1896). Embarcadero de Dícido. Memoria y planos. Archivo General de la Administración. Caja/legajo24/01225.
- Barbadillo, F., & Bustillo, E. (1938). El nuevo cargadero de mineral de Dícido.
- Gris Martínez, J. "El embarcadero del Hornillo, 1903-2003".2003
- Helmerich, R., Brandes, K., & Herter, J. (s.d.). Full scale laboratory fatigue test on riveted steel brdges. Vol 76 "Evaluating of existing steel and composite bridges.
- ICOMOS. (2000). Carta de Cracovia 2000. Principios para la conservación y restauración del patrimonio construido. Cracovia.
- ICOMOS. (2003). Principios para el análisis, conservación y restauraión de las estructuras del patrimonio arquitectónico. Victoria Falls.
- INES Ingenieros Consultores. "Proyecto de consolidación y Restauración del embarcadero de "El Hornillo". Fase I. Ayuntamiento de Águilas.2021
- INES Ingenieros Consultores. "Estudio de Soluciones y Proyecto de rehabilitación del Muelle de Carga de las minas de Tharsis sobre el rio Odiel en Huelva". UTE ENEAS. 2021
- INES Ingenieros Consultores "Proyecto de Restauración y conservación Integral del cargadero de Dícido en Castro Urdiales. Cantabria". Gobierno de Cantabria y ayuntamiento de Castro Urdiales. 2021
- INES Ingenieros Consultores. "Proyecto de consolidación y Restauración del embarcadero de "El Hornillo". Fase II. Ayuntamiento de Águilas.2024
- Navarro Vera, J. R. (2001). El puente moderno en España 1850-1950. Madrid: Fundación Juanelo Turriano.
- Proyecto de un cargadero para minerales en la ensenada de Dícido, inmediata a Castro Urdiales. Madrid: Archivo General de la Administración Caja/legajo24/01220. 1883
- Rbun, J. S. (2000). Structural analysis of historic buildings. New York: John Wiley & Sons, Inc.
- Ribera Dutasta, J. E. (1895). Puentes de hierro económicos, muelles y faros sobre palizadas y pilotes metálicos. Madrid: Bailly-Bailliere e hijos.
- Sánchez Picón, A., & Torres López, R. (2007). El cable ingles de Almería. Centenario del cargadero de mineral el alquife. Almería: Junta de Andalucía. Consejería de Cultura.


## Capítulo 4


- Martínez, J. L., Martín-Caro, J. A., & Paniagua, I. (2023). Comportamiento sismorresistente en arquitecturas de tierra en conjuntos patrimoniales: Erbil (Irak) y Henri Christophe (Haití). En *Congreso del Patrimonio de la Obra Pública y de la Ingeniería Civil – Estrategias de Intervención y Rehabilitación* (pp. 301-310). Colegio de Ingenieros de Caminos.
- Martin-Caro J.A., Paniagua I., López D, Ugarte M. y Garau G. *(2023). La importancia de las fortalezas para ensalzar el paisaje. La rehabilitación de Yamchun Fortress y Fort George.* En *Congreso del Patrimonio de la Obra Pública y de la Ingeniería Civil – Caracterización del paisaje y patrimonio de la obra pública*. Colegio de Ingenieros de Caminos.
- David Lesterhuis. "*Approach to the Protection, Conservation and Nomination of St. George's Fortified System (Grenada)*". Government of Grenada in commission of UNESCO's World Heritage Centre sponsored under the Netherlands Funds-in-Trust. 2004.
- Natural & Cultural Heritage Advisory Committee. "Conservation Design Guidelines for the Town of St. George". Physical Planning Unit. Ministry of Works, Physical Development, Public Utilities & the Environment. 2009.

- Smith, Victor, *"Technical Report on Forts, George, Mathew and Frederick",* Preliminary historic database for the revalorization of historical fortification, 2004.
- Jessamy, Michael, *"Forts and Coastal Batteries of Grenada",* Roland's Image, Grenada, 1998.
- INES Ingenieros Consultores. *Structural Assessments, Detail Designs and Supervision of Rehabilitation Works for Fort George.* Ministry of Tourism and Civil Aviation of Grenada. 2019.
- Moun Studio S.A /INES Ingerios Consultores / WE Working for Environment S.A. "Realisation d'Etudes en vue des travaux de Conservation, de Confortement, de Rehabilitation, de mise en valeur et d'Interpretation de la Citadelle Henry". MINISTÈRE DE L'ÉCONOMIE ET DES FINANCES. 2021.
- UNESCO – *"National History Park – Citadel, Sans-Souci, Ramiers".* 1981.
- ICOMOS – "Rapport sur la mission de conseil de l'ICOMOS au Parc national historique – Citadelle, Sans-Souci, Ramiers". 2015.
- Patricia Balandier. *"Stratégie de renforcement, sécurisation des monuments, et de mitigation Feuille de route pour la suite de la mission". UNESCO Haití. 2020.*
- Minosh, P. (2018). *Architectural Remnants and Mythical Traces of the Haitian Revolution: Henri Christophe's Citadelle Laferrière and Sans-Souci Palace.* Journal of the Society of Architectural Historians, 77(4), 410–436.
- INES Ingenieros Consultores. "Consultancy Services to Design for the Conservation and Rehabilitation of the Yamchun Fortress in Tajikistan". Project Implementation unit for Access to Green Rural Development Finance under the Ministry of Finance of the Republic of Tajikistan. 2021.
- Lamas, P. H., Martín-Caro, J. A., & Anchuelo, B. C. (2025). *Conservation, rehabilitation and enhancement of Yamchun fortress, Wakhan Valley, Tajikistan.* Proceedings of the ICE – Engineering History and Heritage.
- "Silk Roads Sites in Tajikistan – Yamchun Castle" (s. f.). In UNESCO World Heritage Centre (Tentative List).
- Marco Nebbia, Federica Cilio, B. S. Bobomulloev. "*Spatial risk assessment and the protection of cultural heritage in southern Tajikistan".* Journal of Cultural Heritage 49(2). 2021.
- Mechtild Rossler, Roland Chih-Hung Lin. "*Cultural Landscape in World Heritage Conservation and Cultural Landscape Conservation Challenges in Asia".* Built Heritage 2(3):3-26. 2018.
- Flores Román, Milagros. "*ICOFORT: preserving fortifications and military heritage*". 2019.
- ICOMOS "*Guidelines on Fortifications and Military Heritage*". GA 2021 6-1. 2021.


## Capítulo 5


- Al-Naim, M. (2010). Traditional building materials and techniques in the Gulf region: The sarooj and coral heritage. *Arabian Journal for Science and Engineering, 35*(1), 39-49.
- Beckett, C. T., & Lombillo, I. (2019). Seismic retrofitting of earthen heritage structures: A review of principles and techniques. *Engineering Structures, 183*, 406-421.
- Blondet, M., Torrealva, D., & Gonzales, L. (2010). Earthquake-resistant construction of earthen buildings: Lessons from Peru. *15th World Conference on Earthquake Engineering.*
- Boussaa, D. (2019). Heritage conservation in the Arab Gulf: Between tradition and modernity. *Cities, 94*, 77-85.
- D'Ayala, D., & Fodde, E. (2008). Structural analysis and assessment of earthen heritage buildings: Methodology and case studies. *Journal of Cultural Heritage, 9*(3), 388-397.
- Dubai Culture & Arts Authority. (2024). *Dubai Historical District: Al Fahidi Fort – Museum expansion and heritage integration (Project briefs & approvals).* Government of Dubai.
- Dubai Municipality, Heritage Architecture Section. (2018). *Guidelines for the conservation of historic coral-stone and gypsum-lime masonry in Dubai. Government of Dubai.*
- *Getty Conservation Institute. (2002). Planning and Engineering Guidelines for the Seismic Retrofitting of Historic Adobe Structures.*
- *González, M. A., & Fabbri, B. (2018). Durability and stabilization of adobe masonry: New approaches for sustainable conservation. Construction and Building Materials, 188, 832-845.*

- *HCECR – High Commission for* Erbil Citadel Revitalization. (2012). *Erbil Citadel: Conservation and management programme – Technical framework.* Erbil.
- INES Ingenieros Consultores. (2011–2012). *Erbil Citadel: Rehabilitation of eight representative houses – Structural diagnosis, materials characterization and intervention design (Groups 1, 4, 6 & 30).* Reports for UNESCO/HCECR.
- INES Ingenieros Consultores. (2022–2025). *Al Fahidi Fort (Dubai Museum): Structural monitoring, 3D scanning (2022–2025), shrink-wrapping of southwest tower and under-excavation support.* Reports for Dubai Culture & Arts Authority.
- INES Ingenieros Consultores. (2015). BAYT AL-TURATH & WAQF BUILDING. The National Built Heritage Center Riyadh – Saudi Arabia Kingdom. EMA-Arquitectos.
- Martín-Caro, J. A., & Paniagua, I. (2013). La rehabilitación de la ciudad más antigua del mundo: La Ciudadela de Erbil (Irak). *Revista de Obras Públicas*, 161(3534), 45-54.
- Martin – Caro. J.A, Paniagua. I. Some thoughts on earth-built constructions exposed to seismic action". 14th International Conference on Studies, Repairs and Maintenance of Heritage. 2015
- Mazzolani, F. M., et al. (2019). Structural safety and monitoring of heritage masonry under excavation conditions. *Engineering Structures, 197*, 109-138.
- UNESCO. (2014). *World Heritage Nomination – Erbil Citadel (Decision 38 COM 8B.20).* UNESCO World Heritage Centre.
- UNESCO. (2021). *World Heritage and Resilience: Safeguarding heritage in times of conflict and disaster.* UNESCO Publishing.
- UNESCO. (2023). *World Heritage Periodic Reporting: Arab States – Conservation of Earthen and Coral Architecture.* UNESCO Publishing.


## Capítulo 6


- Comin, F. "150 años de Historia de los Ferrocarriles Españoles" M. 27423.1998.
- Desnoyer, C. "Construction des ponts".. Libraire des pons et Chaussées et des Mines. 1885.
- Gauthey. "Traité de la Construction des Ponts". Editada por Navier 1843–1845.
- Code UIC 778-3. "Recomendations pour l'evaluation de la capacité portante des ponts-voûtes existants en maçonnerie et beton". Union Internationales des Chemins de fer. 1995.
- Departament of Transport. TRRL. "Masonry properties for assessing arch bridges". Contractor Report, CR 244 1990.
- Hughes, T.G, Davies, M. C. R. Taunton, P. R. "The influence of soil and masonry type on the strength of masonry arch bridges" Arch Bridges. 1998.
- Gilbert, M., Melbourne, C. "Rigid-block analysis of masonry structures", The Structural Engineer, 72, 356-361,1994.
- Martin-Caro J.A . "Puentes de fábrica. Los puentes ferroviarios dentro del Patrimonio Industrial". ISBN: 978-84-934572-7-3. Madrid 2013.
- Martín-Caro J.A., Lopez.D. Stage of serviceability assessment: Selection of bridges typologies that suffer more damage under the new exploitation conditions (new loads and speeds). WP 1.1: Susceptibility of arches to degradation under service loading conditions. UIC Project P/0314. 2013
- Martín-Caro J.A., Lopez.D. Stage of serviceability assessment: Selection of bridges typologies that suffer more damage under the new exploitation conditions (new loads and speeds). WP 2.1: Assessment of Damaged Arches. UIC Project P/0314. 2013.
- Martín-Caro J.A., Martínez, J.L. Guía para la evaluación estructural de puentes ferroviarios de bóvedas de fábrica. Mantenimiento de la Infraestructura. ADIF. 2004
- Melbourne, C, Gilbert, M. "The behaviour of multiring brickwork arch bridges". The structural engineer / Volume 73 / No3 / 1995.
- UIC. Masonry arch bridges group. Recommendations for the inspection, assessment and maintenance of masonry arch bridges. 2007.
- Ozaeta, R., Martín-Caro, J.A. Catalogue of Damages on Masonry Arch Bridges. Optimized inspection and monitoring of masonry arch bridges. UIC Project I/03/U/285.

- INES Ingenieros Consultores, FHECOR. TIFSA. "Catálogo de daños en los puentes arco de fábrica de la red ferroviaria". ADIF. 2002.
- INES Ingenieros Consultores "Manual de inspección de cauces". ADIF 2003
- INES Ingenieros Consultores "Guía metodología para la evaluación estructural de los puentes arco de fábrica". ADIF. 2004.
- Novoa, X. "Los ingenieros y el ferrocarril". Ingeniería y territorio.
- Sejourné, P. "Grandes voûtes". Bourges, 1914.
- Revista de Obras públicas. ROP. Números comprendidos entre 1853 y 1956.


## Capítulo 7


- Almagro Gorbea, A., & Zaragoza Catalán, J.. *La conservación del patrimonio histórico ante el cambio climático.* Fundación Arquia. 2021
- Beckett, C. T., & Lombillo, I. Seismic and hydrological vulnerability of heritage structures: Principles and diagnostic tools. *Engineering Structures, 183*, 406–421. 2019
- Benito, G., Rico, M., & Díez-Herrero, A. Flood risk assessment in historical bridges: Lessons from Spanish heritage sites. *Natural Hazards and Earth System Sciences, 20*(5), 1333–1350. 2020
- Bousquet, B., Carretero, J., & Mínguez, R. Adaptation of cultural heritage to climate extremes: From diagnosis to management. *Journal of Cultural Heritage Management and Sustainable Development, 8*(4), 431–448. 2018
- Cassar, M., & Pender, R. *The impact of climate change on cultural heritage: Evidence and response.* UCL Centre for Sustainable Heritage. 2015.
- Comunidad de Madrid, Dirección General de Patrimonio Cultural. *Informe técnico sobre la dana 2023 y actuaciones de emergencia en el puente de la Pedrera (Aldea del Fresno).* Madrid. 2024
- Confederación Hidrográfica del Segura. *Áreas de Riesgo Potencial Significativo de Inundación (ARPSI) y actualización cartográfica en Letur (Albacete).* Murcia. 2024
- Díez-Herrero, A., Benito, G., & Ortega, M. *Guía para la gestión del riesgo de inundación en bienes patrimoniales.* CEDEX–MITECO. 2023.
- European Space Agency (ESA). *PROTHEGO: PROTection of European cultural HEritage from GeO-hazards – Final report.* ESA Heritage Programme. 2019
- Gobierno de Aragón, Dirección General de Patrimonio Cultural. *Informe de emergencia y propuesta de estabilización de las Casas Colgadas de Tarazona.* Zaragoza. 2025
- Gómez, P. L., & Rueda, S. *Infraestructuras patrimoniales y cambio climático: Vulnerabilidad, riesgo y resiliencia.* Colegio de Ingenieros de Caminos, Canales y Puertos. 2022
- ICOMOS. *Future of Our Pasts: Heritage and Climate Change.* International Council on Monuments and Sites. 2019
- ICOMOS. *Guidance on post-disaster recovery and heritage adaptation.* ICOMOS Working Group on Climate Change. 2022
- INES Ingenieros Consultores. *dana 2023: Colapso del puente de la Pedrera y propuesta de musealización de la ruina.* Informe interno para la Comunidad de Madrid. 2023
- INES Ingenieros Consultores. *dana 2023: Colapso del puente de la Pedrera y propuesta de musealización de la ruina.* Proyecto de musealización y de nuevo puente Comunidad de Madrid.2023
- INES Ingenieros Consultores. *Informe técnico de diagnóstico geotécnico y propuestas de intervención en Letur (calles Barranco y Alemana, Mirador de la Molática).* Ayuntamiento de Letur – Dirección General de Patrimonio Cultural de Castilla-La Mancha. 2024
- INES Ingenieros Consultores. *Producción de cartografía de riesgos de deslizamiento de ladera y caída de bloques (Expte. DDJ_IGEAR_2024_01).* Gobierno de Aragón, Departamento de Fomento, Vivienda, Logística y Cohesión Territorial – Instituto Geográfico de Aragón (IGEAR). 2024
- Jokilehto, J.. *Cultural heritage and climate emergencies: New challenges for conservation theory.* Routledge. 2020.
- López Oliver, D., Martín-Caro, J. A., Paniagua, I & Arias, G. (2024). Vulnerabilidad climática

del patrimonio de obra civil: Hacia una gestión adaptativa. En *Congreso Patrimonio y Cambio Climático 2024* (pp. 115-124). Colegio de Ingenieros de Caminos, Canales y Puertos.

- López Oliver, D., Pertierra, M, & Paniagua, I. (2022). Improving the resilience of transport infrastructure through the development of natural disaster risk management tools. En *XVI World Congress of Winter Roads and Road Resilience* (PIARC, Calgary).
- López D, Fernández, P; Paniagua I et all. 2023. Determinación del riesgo potencial de inundación de la red ferroviaria convencional mediante modelización hidrológica-hidráulica de lluvia sobre malla en HEC-RAS 2D de la España peninsular" VII Jornadas de Ingeniería del Agua. 18 -19 de octubre. Cartagena.
- Paniagua, I., Álvarez, E., et al.. (2018). Geotechnical asset management system along Generalitat de Catalunya (GENCAT) road network. En *IV International Seminar: Earthworks in Europe.* ATC – World Road Association.
- Paniagua, I., Álvarez, E., et al. (2021). 3D modelling study on landslide risk of rocky blocks: Applied experience on rocky outcroppings along hillsides that can affect Generalitat Catalana roadways. *IOP Conference Series: Earth and Environmental Science, 833*, 012080. https://doi.org/10.1088/1755-1315/833/1/012080
- Paniagua, I., Rivas, J. A., & Martín-Caro, J. A. (2011). Tratamiento y consolidación de los terraplenes ferroviarios afectados por inclemencias meteorológicas. En *Recent Experiences in Earth Structures for Railways.* ATC – World Road Association.
- UNESCO. (2017). *Policy Document on Climate Action for World Heritage.* UNESCO World Heritage Centre.
- UNESCO. (2021). *World Heritage and Resilience: Safeguarding heritage in times of conflict and disaster.* UNESCO Publishing.
- Vicente-Serrano, S.M., Rodríguez-Camino, E., Domínguez-Castro, F., El Kenawy, A., & Azorín-Molina, C. (2021). *An updated review on recent trends in observational surface atmospheric variables and their extremes over Spain.* Cuadernos de Investigación Geográfica.
- De Castro, M., Martín-Vide, J., Alonso, S., et al. (s. f.). *The climate of Spain: Past, present and scenarios for the 21st century.* En: Impacts of climatic change in Spain. Ministerio para la Transición Ecológica y el Reto Demográfico (MITECO).
- Agencia Estatal de Meteorología. (s. f.). *Visor AdapteCCa.* Gobierno de España.
- Copernicus Publications. *"Fourth Copernicus Ocean State Report".* State of the Planet. 2025